ADIANTUM RADDIANUM.

AGLAOMORPHA MEYENIANA

ASPLENIUM ADIANTUM-NIGRUM

ASPLENIUM LACINIATUM

ASPLENIUM SCOLOPENDRIUM

PILULARIA GLOBULIFERA

ATHYRIUM NIPONICUM

AZOLLA FILICULOIDES

BLECHNUM SPICANT

CYSTORTERIS BULBIFERA

DAVALLIA HETEROPHYLLA

DEPARIA ACROSTICHOIDES

DIPTERIS CONJUGATA

DRYNARIA ROOSII

DRYOPTERIS CRISTATA

GLEICHENIA MICROPHYLLA

GYMNOCARPIUM DRYOPTERIS

HEMIONITIS ARIFOLIA

MICROGRAMMA MEGALOPHYLLA

PLATYCERIUM BIFURCATUM

POLYPODIUM VULGARE

PTERIS ASPERCAULIS

PTERIS ENSIFORMIS

THELYPTERIS REPTANS

OSMUNDA CINNAMONEA

CYATHEA DEALBATA

DRYOPTERIS CYCADINA

DIPLAZIUM SIBIRICUM

ADIANTUM PEDATUM

BLECHUM TABULARE

NEPHROLEPSIS CORDIFOLIA

ONOCLEA SENSIBILIS

POLYSTICHUM MUNITUM

WOODSIA ALPINA

DRYOPTERIS FILIX-MAS

POLYSTICHUM BRAUNII

ASPLENIUM CETERACH

CRYPTOGRAMMA CRISPA

THELYPTERIS PALUSTRIS

POLYSTICHUM ACULEATUM (L.) ROTH

MARSILEA QUADRIFOLIA

ASPLENIUM RUTA-MURARIA

ATHYRIUM FILIX-FEMINA

CYTOMIUM FORTUNEI

ASPLENIUM SEPTENTRIONALE

POLYSTICHUM LONCHITIS

ASPLENIUM TRICHOMANES

OPHIOGLOSSUM VULGATUM

BOTRYCHIUM LUNARIA

OSMUNDA REGALIS

DENNSTAEDTIA PUNCTILOBULA

OREOPTERIS LIMBOSPERMA

PHEGOPTERIS CONNECTILIS

ATHYRIUN DISTENTIFOLIUM

ASPLENIUM VIRIDE

CYSTOPTERIS ALPINA

CYSTOPTERIS MONTANA

WOODSIA ILVENSIS

WOODSIA GLABELLA

MATTEUCCIA STRUTHIOPTERIS

양치식물

양치식물

지구에서 가장 오래된 식물

안톤 수딘 지음

장혜경 옮김

생각의집

차례

골고사리
ASPLENIUM SCOLOPENDRIUM

고작
양치식물에게
책 한 권을
통째로 바친다고?

책을 쓰는 동안 이 질문을 얼마나 많이 받았는지 모른다. 하지만 양치식물에 관심을 두기 시작하면 금방 깨닫는다. 우리가 양치식물을 얼마나 많은 곳에서 만나고 있는지를. 산에도, 들에도, 정원에도, 그림에도, 실내장식에도, 디자인에도 양치식물이 있다. 더구나 나는 직업이 원예사이다 보니 이 식물군이 원예에서 얼마나 다양하게 활용되는지를 누구보다 잘 안다. 수천 종을 거느린 식물군이니만큼 양치식물이 없는 정원이 없다. 그늘이 짙게 드리운 숲 정원에도, 햇살 쨍한 메마른 암석정원에도 양치식물은 있고, 심지어 집 안 거실 창틀에서도 양치식물이 멋지게 자란다.

우리가 숲에서 가장 자주 만나는 양치식물은 미역고사리와 고사리이다. 모양새가 영락없이 우리가 생각하는 양치식물이다. 하지만 이 식물에 대한 지식이 깊어지면 정말 꿈에도 생각지 못했던 각양각색의 양치식물을 발견하게 된다. 양치식물은 그 크기와 형태가 너무도 다채롭기 때문이다. 작디작은 물개구리밥Azolla에서부터 거대한 나무고사리Cyatheales에 이르기까지, 잎이 갈라지지 않는 골고사리에서부터 잎이 깃털처럼 잘게 갈라져서 화병처럼 오목하게 자라는 청나래고사리Matteuccia struthiopteris에 이르기까지 모양새가 너무도 천차만별이다.

양치식물은 지구에서 가장 오래된 식물 중 하나이다. 약 4억 년 전부터 지구에서 살았다. 몇 종은 그 시절부터 꾸준히 살아남아 지금도 우리의 정원이나 주변 자연에서 살고 있다. 공룡과 같이 숨 쉬던 식물이 우리 곁에 있다는 생

각을 하면 정말이지 황홀해서 숨이 막힐 지경이다. 그렇게나 오래된 식물이 여전히 인기를 누리고 있고 우리에게 유익할 수 있다니, 참으로 매력적이지 않은가! 정원 디자인에 쓰려고 만들어낸 현대의 온갖 개량식물보다 훨씬, 훨씬 더 매력적이고 흥미롭다.

양치식물은 인류의 역사에서도 중요한 역할을 한 적이 많다. 가령 대멸종을 견디고 살아남은 식물이며, 약용식물이나 유용식물로도 많이 활용되었다. 양치식물만의 독특한 외모는 다른 식물들과 확연히 다르고, 또 아득한 옛날을 떠오르게 한다. 덕분에 양치식물은 온갖 전설과 신화에서 마법의 식물로 통했다.

특히 영국 빅토리아 시대에는 양치식물의 인기가 하늘을 찔렀다. 어찌나 대단했던지 "양치식물 광풍 The Fern Craze"이라는 말이 나올 정도였다. 중산층에서 귀족계급에 이르기까지 남녀를 불문하고 양치식물에 넋을 잃었고, 빅토리아 사회 전체가 양치식물에 푹 빠졌다. 그림과 실내장식, 정원용 가구는 물론이고 가든 하우스와 온실 곳곳이 양치식물의 형태와 패턴으로 넘쳐났다.

우리가 이처럼 다양한 종류의 양치식물을 감상할 수 있는 것도 다 이 시대 사람들의 공이다. 식물학에 대한 그들의 관심과 수집 열정이 새로운 지식을 낳았고, 당시의 원예사들이 열심히 개발한 신종들 다수가 지금까지도 우리 곁을 지키고 있으니 말이다. 양치식물은 단순히 정원용 식물이나 관상용 식물로 그치지 않는다. 그러기에 이 책은 양치식물의 역사를 온전히 기록하려는 노력이다. 양치식물의 식물학은 물론이고 신화와 예술, 양치식물 광풍에 이르기까지, 그 온전한 역사를 기록으로 남기고자 한다. 양치식물의 다양한 과와 속, 종도 소개할 것이다. 각 장소에 안성맞춤인 대표주자의 목록과 이것들을 잘 키울 방법도 함께 실었다.

이 책이 양치식물에 관한 관심을 일깨우는데 한몫할 수 있다면 좋겠다. 정원용 식물은 물론이고 거실 한 자리를 차지한 관상용 식물로서도 녀석들의 다채로움과 아름다움에 많은 관심이 쏟아지기를 바란다. 또 이 책을 읽고 독자들이 용기를 얻어 새로운 종을 한 번 키워보았으면 좋겠다. 지금까지 키우기가 힘들다고 소문났던 종들도 한 번 도전해 보기를 바란다. 한 마디로 양치식물 광풍이 다시 한번 크게 불었으면, 나는 참 좋겠다.

양치식물의

역사와

분포

나무고사리의 거대한 푸른 이파리 사이로 햇살이 내리비친다. 그 고사리 사이를 거대한 잠자리들이 거인 전쟁에 나오는 한 장면처럼 윙윙 날아다닌다. 저 멀리서 굉음이 울린다. 울창한 고사리 숲을 뚫고 걸어오는 큰 동물들의 발소리다. 이 숲의 찌꺼기가 아주 머나먼 미래에는 거대한 유전이 될 테지만, 아직 그때가 되려면 한참 남았다. 그러니 공룡과 어울려 사는 양치식물의 세상에 오신 당신을 환영한다!

양치식물은 지금으로부터 약 4억 년 전에 등장했고, 지금까지 남아 있는 그 시절의 몇 안 되는 식물 중 하나이다. 따라서 2억 년 전에 공룡과 지금은 멸종한 다른 생명체들이 탄생했을 때는 양치식물은 이미 완벽하게 진화를 마친 상태였다. 꽃식물, 즉 속씨식물Angiospermae은 1억 년 전에야 생겨났으니, 양치식물이 꽃을 피우지 않고 씨앗 대신 홀씨로 번식한다는 사실은 바로 그것의 원시성을 말해주는 증거인 것이다.

카본기– 약 3억 5천만 년 전

카본기는 양치식물의 황금시대였다. 열대성 기후와 일정한 연중기온 덕분에 양치식물이 꾸준히 성장할 수 있었으므로 지구의 넓은 지역에 양치식물 원시림이 생겨났다. 온갖 종의 나무고사리가 넘실대는 원시림은 상상만 해도 가슴이 벅차다. 나무고사리는 키가 최고 40미터, 폭은 2미터에 이르렀다. 이 시절에는 홀씨 대신 씨앗을 만드는 양치식물도 있었지만, 지금은 멸종하고 없다.

가장 오래된 양치식물 화석은 약 3억 4500만 년 전의 것으로, 육지에서 양서류와 갑각류가 탄생한 시절이었다. 공룡, 조류, 포유류는 아직 태어나지도 않았다. 2014년 스웨덴 남부의 코르사뢰드Korsaröd에서 약 1억 8천만 년 된 양치식물 화석이 발견되었다. 보존상태가 어찌나 좋은지 세포를 분석할 수 있을 정도였다. 그런데 분석을 해보았더니, 지금도 볼 수 있는 꿩고비Osmundastrum cinnamomeum와 놀랄 정도로 차이가 없었다.

원시시대의 초록 친척들

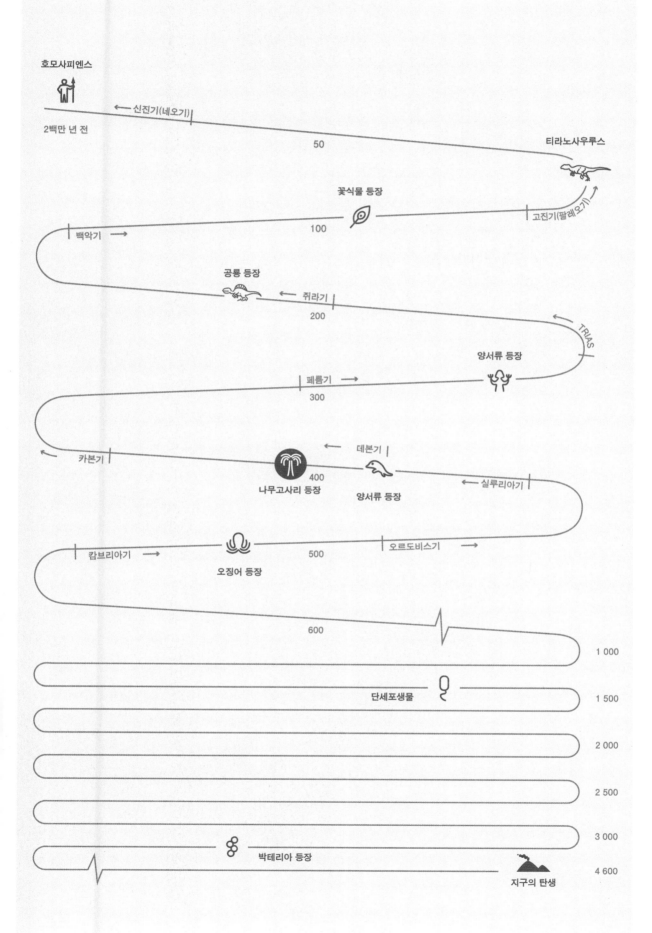

호모사피엔스

신진기(네오기)

2백만 년 전

50

티라노사우루스

꽃식물 등장

백악기

100

고진기(팔레오기)

공룡 등장

쥐라기

200

TRIAS

양서류 등장

페름기

300

카본기

데본기

실루리아기

나무고사리 등장

400

양서류 등장

캄브리아기

오징어 등장

500

오르도비스기

600

1 000

단세포생물

1 500

2 000

2 500

3 000

박테리아 등장

4 600

지구의 탄생

양치식물이 다른 식물보다 앞설 수 있었던 이유는 물과 양분의 수송을 담당하는 특수 관다발 때문이다. 나아가 양치식물은 목질을 세포벽에 쌓아 세포를 단단하게 만드는 시스템을 개발하였다.

이 원시 식물은 4천 년이 넘는 긴 세월 동안 지구의 식물 세상을 지배하였다. 하지만 페름기가 끝날 무렵인 약 2억 5천만 년 전에 일어난 "페름기 대멸종" 시기에 멸종하고 말았다. 지구 역사상 가장 큰 규모의 멸종이었다. 어림잡아 지구에 사는 생물 종의 90%가 사라졌다.

따라서 현재의 양치식물은 카본기의 그 원시적인 양치식물 종이 아니다. 하지만 당시에 살던 종의 먼 친척 몇몇이 지금의 진포자낭양치(眞胞子囊羊齒, Eusporangiate)군으로 진화하였다. 야생에서 사는 고사리삼속Botrychium과 나도고사리삼속Ophioglossum이 이 군의 대표주자이다.

나무고사리의 그늘에 서면 누구나 역사의 숨결을 느낄 수 있을 것 같다. 키가 40m까지도 치솟았다는 이 거대한 원시시대의 나무고사리 종은 이제 볼 수 없지만, 다행히 가까운 친척들은 지금도 우리 곁을 지키고 있다.

백악기-약 1억 4,500만 년 전에서 6,550만 년 전까지

지금으로부터 약 1억 년 전인 백악기에 양치식물은 다시 한 번 크게 번성하였다. 이 시기에 박벽포자낭 양치(薄壁胞子囊羊齒, Leptosporangiate)가 등장하였다. 현재 지구에 사는 양치식물 대부분이 여기에 속한다. 백악기에서 고진기(팔레오기)로 넘어가는 시기에 또 한 번 대멸종이 일어났다.

지구에 살던 종의 절반가량이 사라졌다. 그중 가장 유명한 생물이 공룡이었다. 오래도록 학자들은 대멸종의 원인을 두고 격론을 벌였다. 현재는 학자 대부분이 거대 유성을 원인으로 꼽는다. 지름이 16km에 달하는 거대한 소행성이 큰 힘으로 지구 표면과 충돌하자 그 무게로 인해 먼지구름이 일어났고, 그것이 몇 달 동안 -어쩌면 몇 년 동안- 태양을 가렸다. 햇빛이 지구에 닿지 못하자 식물은 광합성을 하지 못했고, 먹이사슬이 끊어지면서 거의 모든 종이 멸

종하였다.

팔레오기의 초기에는 지표면 대부분이 황무지였다. 식물의 그림자도 보이지 않았다. 그러다 놀랍게도 다시 양치식물이 - 적어도 짧은 시간 동안 - 지구를 점령하였다. 백악기의 바위를 조사하였더니 당시 공기 중의 홀씨와 꽃가루 중에서 20~25%가 양치식물의 것이었다. 백악기 말의 대멸종이 지나간 후에는 양치식물의 홀씨 비율이 최고 99%까지 치솟았고, 그 이후로 다시 예전 수치로 돌아왔다.

이런 현상을 "양치 스파이크Fern spike"라고 부른다. 다른 식물들이 죽어 나갈 때도 양치식물은 퍼지기 쉬운 홀씨 덕분에 생존하여 주도권을 장악하였다. 양치식물의 홀씨는 빛이 있어야 발아한다. 땅이 놀고 있고 빛을 두고 경쟁할 다른 식물이 없었으니 이보다 더 좋은 환경이 없었다. 홀씨 중에는 엽록소를 함유한 것도 많아서 생존기회를 더 높였다. 그리하여 양치식물은 종자식물이 다시 자랄 수 있는 새로운 환경을 조성하였다. 그러니 오늘날 자연에서 사는 식물의 대다수는 양치식물에게 감사하다고 꾸벅 절이라도 해야 할 것이다.

지구의 생명체 대부분은 양치 식물에게 생명을 빚지고 있다. 양치식물은 6,500만 년 전에 일어난 대멸종을 이겨내고 지구를 푸르게 뒤덮어주었다. 종자식물과 다른 유기체들이 지구에 올 수 있도록 길을 터준 셈이다.

양치식물은 매우 이질적인 무리이다. 생김새도, 좋아하는 장소도 다 다르다. 하지만 워낙 적응력이 뛰어나서, 번식 방법이 생물학적으로 훨씬 더 효율적인 꽃식물과도 경쟁할 수 있었기에 그 일부가 지금까지도 살아남았다. 물론 지금의 종들은 수백 년 동안 지구의 식물계를 지배한 원시시대 조상의 찌꺼기에 불과하지만 말이다.

이런 생존력과 경쟁력 덕분에 현재 우리는 양치식물을 세계 곳곳에서 만날 수 있다. 더운 우림에서부터 추운 그린란드에 이르기까지 사실상 모든 기후대에서 양치식물을 볼 수 있는 것이다. 양치식물은 분명 현재 존재하는 식물 중에서 가장 오래된 식물의 하나이지만, 모든 양치식물이 꽃식물보다 오랜 역사를 자랑하는 것은 아니다. 가장 오래된 양치식물 과인 용비늘고사리과 Marattiaceae는 가장 오래된 꽃식물보다 2억 900만 년 전에 태어났다. 고비과 Osmundaceae는 꽃식물보다 약 1억 년 전에 등장했다. 하지만 현재 남아 있는 양치식물 대부분은 지금으로부터 약 7,500만 년 전에야 지구에 등장했다. 그러니까 가장 오래된 꽃식물보다 약 7,000만 년 더 어린 셈이다.

양치식물의 분포

1. 아티리움 디스텐티폴리움
ATHYRIUM DISTENTIFOLIUM
북반구, 해발 600미터 이상의 고산지대,
스칸디나비아, 영국 북부 (특히 스코틀랜
드), 알래스카, 그린란드.

2. 아졸라 필리쿨로이데스, 단백풀
AZOLLA FILICULOIDES
미대륙의 온대와 열대 지역, 유럽, 아프리
카, 아시아, 오스트레일리아의 넓은 지역.

3. 박쥐란
플라티세리움 비푸르카툼
PLATYCERIUM BIFURCATUM
남미, 아프리카, 아시아, 오스트레일리아
의 아열대 지역

13. 공작고사리
아디안툼 페다툼
ADIANTUM PEDATUM
북미 동부의 우림

14. 폴리스티쿰 무니툼
POLYSTICHUM MUNITUM
북미에서 자주 볼 수 있는
토종 양치식물 중 하나

7. 아디안텀 고사리
아디안툼 라디아눔
ADIANTUM RADDIANUM
남미 열대 지역과 아프리카 남부가 원산
지이며, 가장 인기 많은 실내 관상용 식물

8. 아글라오모르파 메예니아나
AGLAOMORPHA MEYENIANA
고란초과의 장식용 양치식물로, 필리핀
이 고향이다.

9. 블레크눔 타불라레
BLECHNUM TABULARE
남미, 아프리카, 아시아, 오스트레일리아
의 아열대 지역

4. 은청개고사리
아티리움 니포니쿰
ATHYRIUM NIPONICUM
동아시아

5. 키아테아 브라우니
CYATHEA BROWNII
세계에서 가장 큰 나무고사리로, 최고
25m까지 자란다. 태평양 노퍽섬에서
만 볼 수 있는 고유종이다.

6. 은고사리
키아테아 데알바타
CYATHEA DEALBATA
뉴질랜드 국화. 잎의 밑면이 은빛으로
반짝인다.

15. 야산고비
오노클레아 센시빌리스
ONOCLEA SENSIBILIS
러시아와 북아시아가 고향이지만, 북미
에서도 자주 볼 수 있다. 독일에서는 반갑
지 않은 외래종 취급을 받는다.

16. 줄고사리
네프로레피스 코르디폴리아
NEPHROLEPIS CORDIFOLIA
오스트레일리아가 고향이며 인기 많은
실내 관상용 식물이다. 남반구 아열대
지역에서는 야생에서 자란다.

10. 두메고사리
디플라지움 시비리쿰
DIPLAZIUM SIBIRICUM
스웨덴 북부, 핀란드, 러시아

11. 글레이케니아 미크로필라
GLEICHENIA MICROPHYLLA
작은 양치식물로, 생긴 모양이 산호를 닮
아서 산호 양치라고도 부른다. 오스트레
일리아와 뉴질랜드에서 자란다.

12. 톱지네고사리
드리오프테리스 시카디나
DRYOPTERIS CYCADINA
북인도, 타이완, 중국, 일본

식물학과

형태학

이번 장에서는 양치식물의 여러 부위와 특별한 번식 방법에 대해 알아보려 한다. 양치식물의 경우 형태학, 즉 식물의 외부형태를 연구하는 이론이 약간 혼란스럽다. 물론 바로 그런 다채로운 크기와 형태와 잎 구조가 식물 애호가들에게는 말할 수 없는 기쁨을 안겨주지만 말이다. 이렇듯 생김새는 각양각색이어도 모든 양치식물에게는 양치식물만의 특징이 있다. 모든 양치식물은 홀씨로 번식하고, 봄이 되면 돌돌 말려 있던 잎이 느릿느릿 펴진다.

양치식물의 구조와 특징

육생
terrestrial plant

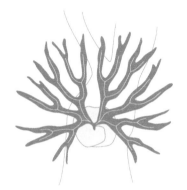

착생
epiphyte

수생
aquatic plant

주요 유형

양치식물의 유형은 주로 3가지로 나뉜다. 산과 들에서 자라는 육생종, 나무에 붙어 자라는 착생종, 연못이나 호수에서 자라는 수생종이다. 크기가 1밀리미터밖에 안 되건, 나무만큼 크건 모든 양치식물은 홀씨체 혹은 홀씨식물이다. 그리고 모든 양치식물은 주로 세 부분으로 이루어진다. 잎, 뿌리줄기(근경), 뿌리이다.

잎

모든 식물이 그렇듯 양치식물 역시 땅 위로 솟은 부분이 가장 먼저 눈에 들어온다. 그 부분이 잎이다. 잎은 해당 양치식물의 종을 알려주는 중요한 지표이다.

뿌리줄기

양치식물의 줄기는 뿌리줄기라고 부른다. 땅 위로 솟아 나온 부분도, 뿌리도 그 뿌리줄기가 자란 것이다. 뿌리줄기 자체는 뿌리의 일부가 아니라 줄기의 일부이다. 따라서 양치식물을 잘 기르려면 뿌리줄기를 잘 알아야 한다. 한 종이 어떤 장소에서 제일 잘 자랄지는 무엇보다 뿌리줄기에 달려 있으니 말이다. 또 뿌리줄기는 무성생식에도 쓰인다. 무성생식이란 줄기나 가지로 번식하는 방법을 말한다.

　뿌리줄기의 모양새는 속에 따라 다르지만, 대다수는 빛깔이 참 곱다. 또 일부는 늙은 잎같이 비늘이나 얼룩으로 뒤덮여 있어서 무늬도 어여쁘다. 바로 이런 뿌리줄기의 아름다운 색과 무늬 덕분에 양치식물은 실내 관상용 식물이나 원예식물로 인기가 많다.

뿌리

땅에서 물과 양분을 빨아들이는 뿌리는 어두운 빛깔이고, 여러 부위로 나뉘며, 뿌리줄기에서 곧바로 아래로 자란다. 처녀고사리속Thelypteris이나 공작고사리속Adiantum 같은 많은 속은 뿌리가 뿌리줄기에서 통으로 뻗어 나가지만, 여러 다발로 나뉘어 자라는 속도 있다.

새순

양치식물은 봄에 어린잎이 날 때 특히 예쁘다. 앙증맞게 돌돌 말린 연초록 잎은 봄 화단에 서 있는 황량한 꽃식물들과 완전히 대비된다. 새순은 벽지와 옷감에도 귀여운 문양을 선사한다. 위로 돌돌 말린 어린잎을 영어로 주교지팡이crozier, 바이올린 헤드fiddlehead라고 부르는데, 정말이지 딱 맞는 비유가 아닐 수 없다. 새순의 생김새는 속에 따라 매우 달라서 종 구분의 중요한 기준이 된다. 털이 보송보송한 종도 많지만, 고비속Osmunda처럼 홀씨로 덮여 있기도 하며, 청나래고사리속Matteuccia처럼 작은 초록색 공 모양인 경우도 많다. 성질이 급한 녀석들은 봄이 채 오기도 전에 새순을 다 펼쳐버리므로, 귀여운 새순을 보고 싶다면 서두르는 것이 좋겠다.

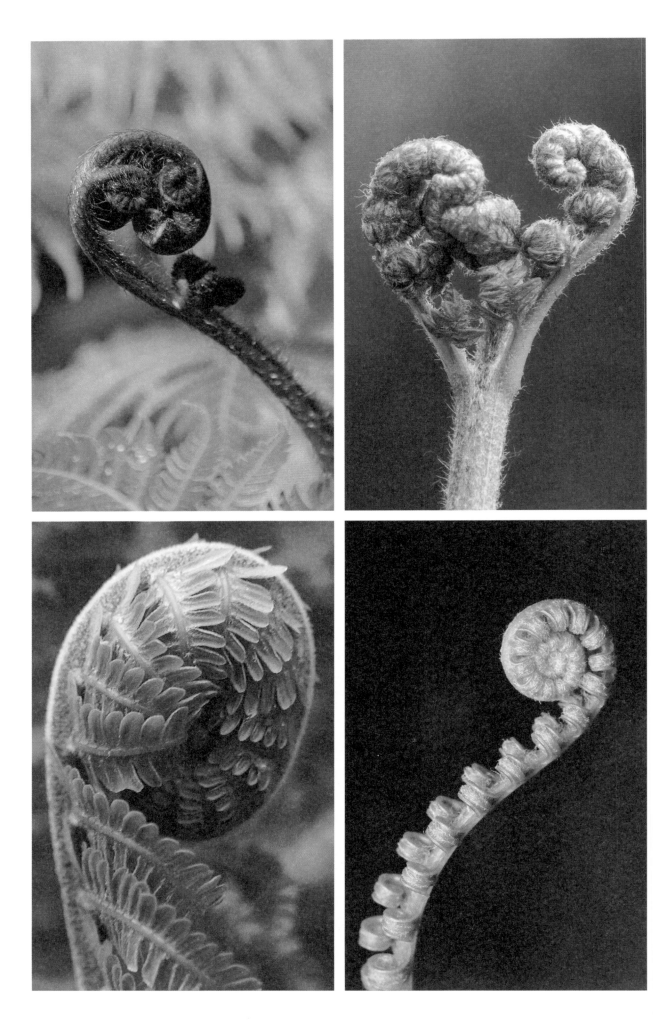

히말라야 공작고사리
Adiantum venustum

빛	물	땅
반그늘	축축한 흙	비옥한 땅

원산지 : 히말라야

공작고사리 속Adiantum에는 정말로 예쁜 몇 종이 있다. 그중에서도 특히 히말라야 공작고사리는 키워보면 절대 실망할 일이 없다. 장식용으로 그저 그만인 멋진 검은 잎줄기에 에메랄드 그린 빛의 예쁜 잎이 달려 있다. 가을이 되면 단풍이 들어 잎이 노랑, 빨강, 갈색으로 변한다. 그래서 사계절 내내 보는 맛이 있다. 한 그루만 사다가 혼자 키워도 예쁘고 친구들을 여럿 데려와 무리 지어 두어도 예쁘다. 잘 자라면 마구 번지므로 장소를 잘 골라야 한다. 추운 지방에서는 지나치게 번질 위험이 적다.

골고사리
Asplenium scolopendrium

청나래고사리
Matteuccia struthiopteris

토끼고사리
Gymnocarpium dryopteris

아디안툼 라디아눔
Adiantum raddianum

잎

잎의 일반적인 구조는 종에 따라 다르므로, 양치식물을 구분하는 가장 간단하고 확실한 특징일 것이다. 양치식물의 잎은 생김새가 정말로 가지각색이다. 가령 골고사리의 잎은 잎이 작게 갈라지지 않는 홑잎이지만, 청나래고사리는 진짜 깃털처럼 잘게 갈라진 겹잎이다. 토끼고사리는 심지어 세겹잎이다.

오른쪽의 그림은 양치식물의 구조를 잘 보여준다. 뿌리줄기, 줄기, 포막, 잎몸, 우편, 소우편, 열편, 잎자루 등이 보인다.

땅에서 꼭대기까지 식물 전체를 잎이라 부른다. 봄에는 아직 양치식물이 무성(無性)이다. 그 잎은 영양잎이라 부르며, 번식기가 오면 잎 밑면에 홀씨주머니를 매단 홀씨잎이 자란다.

영양잎과 홀씨잎이 똑같이 생긴 종들도 많지만 다르게 생긴 종들도 있다. 후자를 이형dimorph이라 부른다. 가령 서양개고사리Athyrium filix-feminina는 똑같이 생겼고, 음양고비Osmunda claytoniana는 약간 다르게 생겼으며, 청나래고사리Matteuccia struthiopteris는 완전 딴판이다. 따라서 영양잎과 홀씨잎의 차이도 양치식물을 구분하는 또 하나의 중요한 특징이다.

우편과 소우편

깃털 모양으로 나뉜 잎을 우편(羽片)이라 부른다. 이 우편은 다시 소우편으로 나뉠 수 있다.

잎자루, 중축, 우축

모든 잎은 잎자루Petiole를 지나 각 우편들과 연결된다. 잎자루의 중간 부분, 즉 각 우편이 갈라지는 부분을 중축이라고 부른다. 중축에서 소우편으로 연결되는 곳은 우축이다. 잎자루와 중축에는 관이 있어, 그 관을 통해 뿌리에서 올라온 양분과 물이 뿌리줄기를 거쳐 잎으로 흘러간다.

잎맥

잎에 있는 관을 잎맥이라 부른다. 잎맥을 통해 물과 양분이 우축으로 흘러가고, 다시 초록의 우편으로 흘러 들어간다. 잎맥 덕분에 잎에 아름다운 무늬가 생기는 경우도 많다.

홀씨주머니, 홀씨, 포막

양치식물은 씨앗을 만들지 않고 홀씨를 바람에 날려 번식한다. 이 홀씨는 현미경으로 보아야 겨우 보일 정도로 작고 잎 밑면의 홀씨주머니에 들어 있다. 이 작은 캡슐 하나하나에 수천 개의 홀씨가 들어 있다. 홀씨주머니는 여러 개가 줄지어 늘어서 있을 때가 많으므로 멋진 무늬를 만들기도 한다. 홀씨주머니가 모인 무리를 홀씨주머니군(혹은 낭퇴Sorus)라고 부른다. 홀씨주머니군 위에 보호막이 덮인 속도 많은데, 이 막을 포막Indusium이라고 한다.
잎의 밑면에 붙어 있는 홀씨주머니의 모양도 양치식물마다 달라서, 종 구분의 기준이 된다.

양치식물 잎의 구조

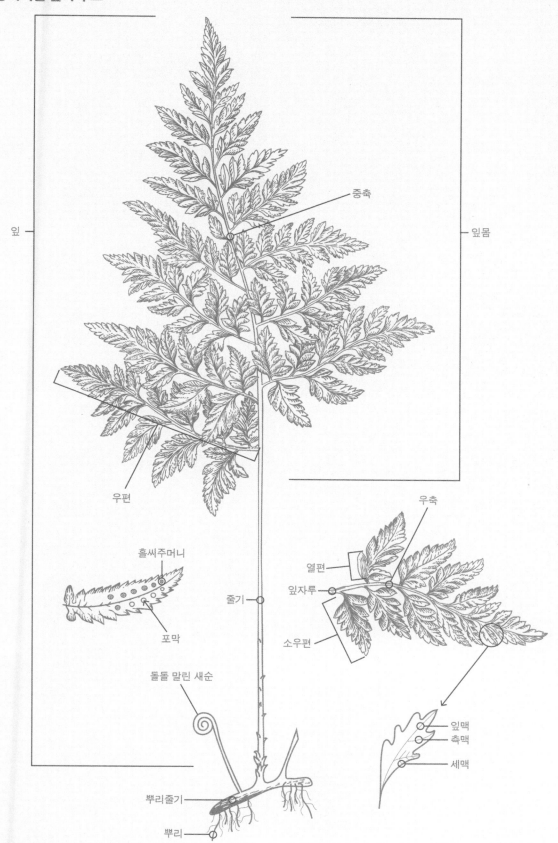

잎

중축

잎몸

우편

홀씨주머니

포막

줄기

돌돌 말린 새순

뿌리줄기

뿌리

우축

열편

잎자루

소우편

잎맥
측맥
세맥

양치식물을 그저 그런 초록의 음지식물 정도로
생각하면 큰 착각이다. 앙증맞고 부드러운 잎에
서 올곧게 뻗은 선형의 잎에 이르기까지, 그 다
양한 잎의 생김새는 보는 이의 감탄을 자아낸다.

종 분류하기

우연히 양치식물을 만났는데 이름을 알고 싶다면 어떻게 할까? 양치식물의 구
분을 도와주는 열쇠가 있다. 물론 전문가가 아닌 우리가 금방 구분하기는 쉽지
않겠지만, 식물 분류법에 대해 몇 가지 기본 지식만 있어도 훨씬 쉽게 알아맞힐
수가 있다. 가령 서양개고사리의 한 품종인 "레이디 인 레드Lady in red"를 예로
들어보자. 이 품종의 분류법은 아래와 같다.

문	Abteilung	: 양치식물문	Pteridophyta
강	Klasse	: 고사리강	Pteridopsida
목	Ordnung	: 고사리목	Athyriales
과	Familie	: 개고사리과	Athyriaceae
속	Gattung	: 개고사리속	*Athyrium*
종	Art	: 서양개고사리	*Athyrium filix-femina*
품종	Sorte	: 레이디 인 레드	Lady in red

식물애호가라면 아래쪽 항목들, 즉 과부터 그 아래쪽에 있는 항목에게로 더 눈
길이 쏠릴 것이다. 특히 재배종cultivar이라고도 부르는 마지막의 품종은 원예를
위해 탄생한 항목이다. 서양개고사리는 야생종이지만 원예가들이 교배를 통
해 수많은 여러 품종을 탄생시켰고, 그 과정에서 형태나 색 등 자신들이 원하
는 새로운 특징을 만들었다. 품종은 자연과 문화가 충돌하는 장소인 정원에서
무엇이 중요한지를 보여주는 인상적인 상징이라 할 것이다. 물론 자연적으로 발
생한 변종도 원예적 가치가 있으면 품종으로 본다.

종 분류

종을 분류할 때 지침으로 삼을만한 몇 가지 특징을 꼽아보았다. 물론 조심해야 할 점도 잊지 않았다.

잎몸의 모양

잎 모양, 가령 홑잎이냐 겹잎이냐는 양치식물 종을 분류하는 가장 첫 번째 힌트이다.

잎 크기

잎 크기는 중요하지 않다. 자라는 환경에 따라 크기가 달라지기 때문이다. 보통은 키가 60cm까지 자라는 양치식물도 양분이 부족하면 20cm밖에 못 자란다. 반대로 환경이 최적이면 친구들보다 훨씬 더 크게 자랄 수 있다.

잎과 줄기의 색깔

이것 역시 명확한 기준은 아니다. 빛과 양분에 따라 큰 차이가 나기 때문이다.

잎자루, 우편, 소우편

이것들은 매우 중요하다. 특히 생김새와 배열이 중요하다.

생장

양치식물의 생장 형태와 성장 시점은 종 분류의 중요한 지점이다. 가령 처녀고사리속 Thelypteris palustris 은 봄에는 영양잎*만 나온다. 홀씨잎은 나중에 자란다. 그러니까 6월 초에 홀씨잎, 즉 잎 밑면에 홀시주머니를 매단 양치식물을 본다면, 그 녀석은 절대 처녀고사리가 아니다. 반대로 고비속 Osmunda 은 홀씨잎부터 먼저 자라고, 나중에 제철이 되어야 영양잎이 나온다.

새순 모양

돌돌 말린 새순은 양치식물 종 분류의 또 한 가지 중요한 특징이다. 봄이 되면 말린 새순이 펴진다. 종에 따라 모양이 다양한데, 촘촘히 늘어선 나선 모양도 있고 갈고리 모양도 있다.

뿌리줄기의 생장 형태

뿌리줄기의 생김새와 자라는 모양 역시 중요한 특징으로 꼽힌다. 털과 비늘, 색깔과 번식 속도(빠른지, 느린지, 아예 번식을 안 하는지)가 종마다 다르다.

홀씨주머니와 포막

홀씨주머니와 포막, 그것의 배열은 아마도 종을 분류할 때 가장 중요하고 확실한 특징일 것이다.

*양치식물의 잎 가운데 홀씨를 만들지 않고 동화 작용만 하는 잎.

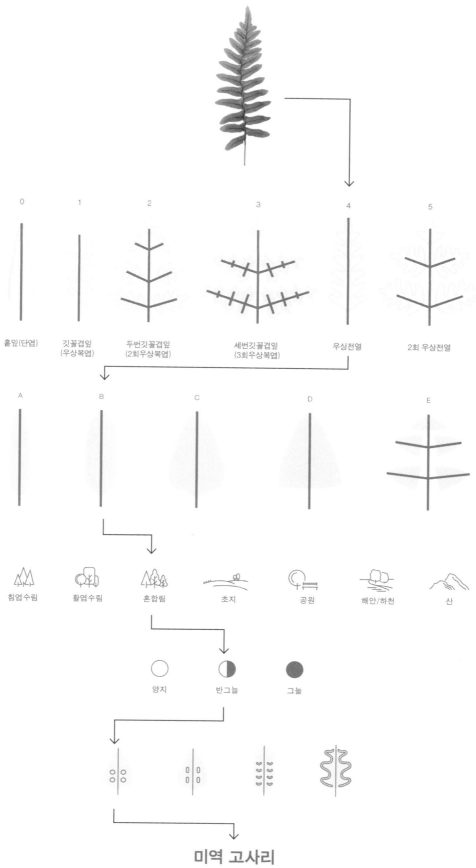

0	1	2	3	4	5
홑잎(단엽)	깃꼴겹잎 (우상복엽)	두번깃꼴겹잎 (2회우상복엽)	세번깃꼴겹잎 (3회우상복엽)	우상전열	2회 우상전열

A　　B　　C　　D　　E

침엽수림　활엽수림　혼합림　초지　공원　해안/하천　산

양지　반그늘　그늘

미역 고사리
POLYPODIUM VULGARE

양치식물의 생명주기

양치식물은 꽃을 피우지 않으므로, 사람들은 오랫동안 녀석들이 어떻게 번식하는지 몰랐다. 중세시대 사람들은 그 번식의 신비에 매혹당했고, 분명 초자연적인 힘이나 마법의 힘이 뒷배일 것이라고 믿었다. 그 비밀의 열쇠가 홀씨라는 사실은 17세기에 와서야 밝혀졌다. 그러다가 19세기 중반에 들어 현미경 기술이 발달하고 미세 현미경이 등장하자 양치식물의 번식을 더 과학적으로, 정밀 연구할 수 있게 되었다.

전파

양치식물 한 그루가 1년 동안 무려 수백만 개의 홀씨를 생산할 수 있다. 홀씨는 현미경으로 보아야 보일 정도로 너무나 작고 가벼워서 바람을 타고 수백 킬로미터까지 날아갈 수 있다. 도중에 극단적인 기후를 만나도 잘 견디기 때문에 멀리멀리 날아가 싹을 틔울 수 있다.

양치식물의 생명주기

1. 성장기 동안 잎의 밑면에서 홀씨가 익는다.
2. 다 익은 홀씨가 홀씨주머니 밖으로 나와 바람을 타고 멀리 날아간다.
3. 홀씨주머니가 커진다.
4. 조건이 맞으면 홀씨가 자라기 시작한다.
5. 그리고 전엽체를 만든다. 전엽체는 생식능력이 있는 부위이다.
6a-b. 전엽체에는 난자를 만드는 장란기*와 정자를 만드는 장정기**가 있다.
7a-b. 나선 모양의 정자가 난자와 수정한다.
8-10. 수정된 난자 안에서 배아가 자란다.
11. 배아가 새로운 양치식물(홀씨체)로 자란다.
12. 양치식물의 잎이 자라고 그 잎의 밑면에서 홀씨가 익는다. 생명주기가 다시 시작된다.

*장란기(藏卵器, archegonium)
**장정기(藏精器, antheridium)

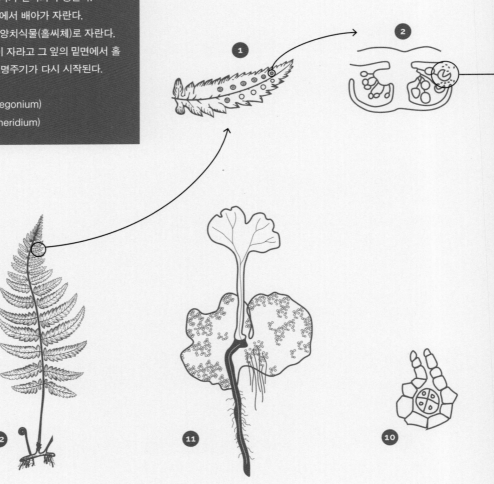

번식

엄마 양치식물의 홀씨가 땅에 떨어지거나 바람을 타고 몇 미터 혹은 몇 킬로미터까지 날아간다. 빛과 습도가 적절하면 홀씨는 싹을 틔우고 세포분열을 시작한다.

전엽체, 즉 하트 모양(때로는 이파리 모양)의 식물 비슷한 작은 조각이 차츰 만들어진다. 처음에는 워낙 작아서 알아보기가 힘들다. 그래서 중세시대 사람들은 양치식물이 어떻게 번식하는지 몰랐다. 물론 지금도 양치식물이 이런 방식으로 번식한다는 사실을 아는 사람은 그리 많지 않을 것이다.

전엽체가 자랄 때 뿌리줄기도 만들어진다. 이 작은 뿌리들이 물과 양분을 흡수하고 식물을 땅에 붙잡아둔다. 전엽체 밑면에서는 장란기와 장정기가 자리를 잡는다. 난자와 정자를 만드는 생식기관이다. 그곳에서 생식세포들이 다 자라고, 전엽체 위에 물기를 머금은 막이 생기면 정자는 난자를 향해 헤엄쳐가서 수정한다. 이어 세포분열이 시작되고 새로운 양치식물의 시작이라 할 홀씨체가 만들어진다. 초기에는 아직 홀씨체가 전엽체한테서 양분을 얻지만, 곧 자기 뿌리를 만들어 뻗어나간다. 처음에 나는 잎은 양치식물 잎 모양이 아니다. 하지만 시간이 가면서 각종 특유의 잎 모양이 된다.

고사리

고사리 꽃은 한여름 밤
자정 정각에 꽃잎을 펼친답니다.
별처럼 반짝이는 어여쁜 꽃.
그 꽃을 꺾으면
바라던 소망이 다 이루어진다지요.
투명인간이 될 수도 있어요.
하지만 꽃을 꺾는 순간
절대 말을 해서는 안 되지요.

어느 아름다운 한여름 밤에 한 젊은이가
고사리 꽃을 꺾으러 왔답니다.
그런데 12시 정각이 되자 뱀이 우글거렸어요.
뱀을 보니 속이 메스꺼웠지요.
그래도 젊은이는 고사리 곁에서 꼼짝하지 않았어요.
갑자기 큰 뿔이 달린 황소들이 달려왔고
뒤를 따라 온갖 야생동물들이 우르르 달려왔어요.
정말로 무서워서
온몸이 부들부들 떨렸지만
젊은이는 도망치지 않았답니다.
반드시 꽃을 따고 말리라, 굳게 결심했거든요.
고사리가 꽃잎을 활짝 펼쳤어요.
젊은이가 꽃을 꺾으려는 찰나
작은 암탉 한 마리가 달려오더니
건초를 가득 실은 큰 마차가 그 뒤를 따라왔지요.
무시무시한 짐승들이 없어져서 젊은이는 기분이 좋았어요.
그리고 건초가 너무 우습게 생겨서
깔깔 웃었답니다.
절대 웃으면 안 되는데 말이죠.
그 순간 꽃은 사라지고
고사리는 예전으로 돌아가 버렸죠.

또 한 젊은이는 이상한 일을 겪었답니다.
한여름 밤에 들판을 걸어가다가
자기도 모르게 고사리 꽃이 떨어져
신발 한 짝에 들어갔지요.
친구들한테 가서 이야기를 나누었지만
친구들 눈에는 젊은이가 보이지 않았어요.
투명인간이 되어버린 것이지요.
밤이 깊어 침대에 들어가려고 신발을 벗자
다시 보이게 되었답니다.

고사리 꽃을 꺾으려면
용기가 있어야 해요.
하지만 용기만 있다고 다 되는 것은 아니에요.
운도 따라주어야 하지요.
고사리는 백 년에 딱 한 번만
꽃을 피우거든요.

- 페르 구스타프손이 쓴 《한여름. 사랑과 마법에 관한 이야기》에 나오는 시

마법, 음식, 약

양치식물은 과거를 되새기는 전설의 기억처럼 인간과 동행한다. 양치식물은 어떤 식물과도 닮지 않았다. 꽃을 눈으로 볼 수 없는데도 번식을 한다.

어떻게 그럴 수 있을까? 틀림없이 초자연적인 마법의 힘이 있는 거야! 어쩌면 어딘가 눈에 안 보이는 씨앗이 있을지도 몰라. 그런 추측이 미신을 살찌웠다. 고사리 씨앗을 찾으면 투명인간이 될 수 있다는 미신을 말이다.

마법과 신화

양치식물은 특히 하지 축제Midsummer's Day*를 둘러싼 전설에서 큰 역할을 한다. 사람들은 오랫동안 양치식물의 번식방법을 몰랐기에, 양치식물이 몰래 꽃을 피운다고 생각했다. 그래서 그 꽃을 본 사람은 놀라운 힘을 얻게 된다고 믿었다. 전설에 따르면 한 여름밤에만 피는 양치식물의 푸른 꽃을 본 총각은 사랑을 찾고 부자가 된다. 또 많은 문화권에서 양치식물을 다산의 상징으로도 여겨, 여성이 양치식물의 잎자루를 가르면 남편 될 사람의 이니셜을 볼 수 있다고 믿었다. 한여름 밤에 발가벗고 두메고사리삼 옆에 누우면 불꽃이 확 일어나고, 그 불을 빨리 끄면 세상 모든 자물쇠를 열 수 있다고 믿었고, 고사리 한 조각을 주머니에 넣고 다니면 사업이 잘 된다고도 믿었다. 카를 폰 린네는 여행기에서 스몰란드(스웨덴 남부지방)에 사는 현명한 노파 잉게보르크의 이야기를 들려주었다. 그녀가 매일 왕관고비Osmunda regalis 한 그루를 찾아가서 예언의 자문을 구하였다고 말이다. 왕관고비가 정확히 어떻게 도와주었는지는 노파에게 들을 수 없었지만, 그런 이야기들은 사람들이 양치식물에게 정말로 마법의 힘이 있다고 믿었다는 사실을 잘 보여준다.

* 하지 축제Midsummer's Day는 기독교를 믿는 유럽 전역에서 오래전부터 기념하는 대표적인 여름 행사로, 예수가 태어나기 6개월 전에 출생한 세례 요한을 기리는 축일이기도 하다. 겨울에 일조시간이 짧은 북유럽 국가에서 특히 인기가 높다. 스웨덴의 '미드솜마르Midsommar' 축제는 매년 6월 19일부터 26일 사이 2~3일에 걸쳐 열리고, 이날 젊은 여인들이 7종의 꽃을 따서 베게 밑에 깔고 자면 미래의 남편을 꿈에서 만날 수 있다는 전설이 있다.

두메고사리삼
Botrychium lunaria
키가 작아서 채 10cm를 못 넘기는 것도 있다. 학명의 "루나리아" lunaria는 달 모양이라는 뜻으로 라틴어 "루나luna"(달)에서 왔다. 옛날 사람들은 이 고사리가 마법의 식물이라고 생각해서 이 식물을 일러준 대로 잘 모으면 자물쇠와 사슬을 풀 수 있다고 믿었다.

또 오랜 세월 사람들은 양치식물이 있으면 귀신이나 쥐같이 집으로 들어오면 안 될 것들이 못 들어온다고 믿었다. 가령 관중Dryopteris이 있으면 마녀나 트롤*, 괴물이 집에 못 들어 온다고 생각했다. 그래서 마당 가장자리를 따라 관중을 심거나 출입문 양쪽에 관중을 심었다. 그래서 지금도 숲 한가운데에 있는 외딴집에 가보면 그 양치식물이 많이 자라고 있다.

반대로 양치식물에 의심의 눈길도 보내기도 했다. 양치식물이 마녀에게 마법의 힘을 주어 사람들 눈에 보이지 않거나 날씨를 제 마음대로 바꿀 수 있게 해준다고 말이다. 양치식물은 악령이나 악마를 부르는 마법의 주문에도 등장했다.

* 북유럽 신화와 전설에 등장하는 거구의 괴물

왕관고비
Osmunda regalis
라틴어 "렉스 rex" (왕)과 "레갈리스 regalis" (왕의, 위엄 있는)에서 왔고, 기품이 넘치는 생김새 때문에 붙은 이름이다. 많은 양치식물이 그랬지만, 특히 고비속 (Osmunda)은 양분이 풍부한 부식토로 만들어 난초를 키우는데 많이 사용했다.

여름밤이면 요정들이 춤을 추면서 양치식물 씨앗을 훔치려고 했다. 그러니 정신 바짝 차리고 잘 지켜야 했다.

춤추는 요정, 아우구스트 말름스트룀
August Malmström, 1866년 작.

식물 양 - 황금털원숭이 고사리

CIBOTIUM BAROMETZ

황금털원숭이 고사리의 뿌리줄기는 거꾸로 보면 양을 살짝 닮았다. 그래서 나무 양, 식물 양 Agnus vegetabilis, 타타르 양 혹은 스키타이 양 Agnus scythicus이라고 불렸다. 그런데 마지막 이름은 좀 의외이다. 중세시대에 스키타이인들과 타타르인들의 왕국은 중앙아시아, 그러니까 흑해의 북쪽에 있었지만, 황금털원숭이 고사리는 흑해의 남쪽인 동남아시아에서만 자라던 식물이기 때문이다. 어떻게 이 양치식물이 스키타이 양 혹은 타타르 양이라 불릴 수 있었을까?

사연은 14세기 인물인 영국인 존 맨드빌 경Sir John Mandeville에게로 거슬러 올라간다. 그는 1322년에 성지순례를 떠났다가 무려 34년이 지난 후에야 《기사 존 맨드빌 경의 여행기The voyages and Travels of Sir John Mandeville, Knight》를 써서 들고 고

향으로 돌아왔다. 그 책은 당시의 중세 사회에서 엄청난 반향을 불러일으켰고 르네상스의 위대한 개척자들에게 먼 곳으로 떠날 용기를 주었다. 크리스토프 콜럼버스Christopher Columbus도 그중 한 사람이었다. 그는 맨드빌의 책을 여행안내서로 삼았고, 그 책을 이용해 스페인 왕실을 설득하여 여행 경비를 뜯어내었다. 하지만 지금 우리가 보면 맨드빌의 여행기는 표절과 거짓말이 대부분이다.

맨드빌은 타타르왕국의 칸을 만나러 갔다가 이상한 나무를 보았는데, 캡슐에 든 어린 양이 가지에 매달려 자라고 있었다고 했다. 그곳 사람들은 그 양을 잡아먹는데, 자기도 먹어보니 정말 맛이 있었다고 말이다.

이 이야기를 읽은 사람들은 당연히 그 어린 양을 키운다는 신비의 식물을 찾아 나섰다. 하지만 모두가 한결같이 어디서 전해 들었는지 모를 모호한 이야기만 듣고 돌아왔고, 이야기는 점점 더 부풀려져 널리 널리 퍼져나갔다. 가지에 어린 양이 매달려 자라는 식물은 이제 길게 솟구친 줄기 제일 꼭대기에 양 한 마리가 매달려 있는 나무로 바뀌었다.

16세기가 되자 절반은 나무이고 절반은 양이라는 그 동양의 식물을 의심하는 비판의 목소리가 커졌다. 특히 영국에서는 자연학자들 사이에서 논쟁이 벌어졌다. 하지만 다수는 여전히 나무 양의 신화를 믿었고, 비판의 목소리에 화를 내며 신의 창조물을 부인해서는 안 된다고 타일렀다. 그렇게 17세기까지도 많은 사람이 나무 양을 믿었다.

1600년, 영국 자연사 박물관Natural History Museum의 기반을 닦은 한스 슬론 경Sir Hans Sloane이 인도에서 이상한 식물 하나를 전해 받았다. 처음에 그는 누군가 식물을 일부러 양의 모양으로 빚어 만들었다고 생각했다. 뿌리는 양의 몸통과, 잘린 줄기는 양의 다리와 비슷했다. 그러니까 이 식

14세기의 유명한 여행가 존 맨드빌 경Sir John Mandeville은 이야기에 양념을 치는 기술이 대단했다. 그의 이야기가 만들어낸 신화가 적지 않았는데, 타타르의 나무양 신화도 그중 하나였다.

물이 바로 그 찾기 힘들었던 나무 양이었던 것이다. 하지만 더 자세히 연구를 해보니 그 양은 나무고사리의 뿌리줄기였다. 슬론은 나무 양의 신화를 확실히 밝히고자 이 식물을 왕립협회에 가지고 가서 보여주었다. 이때 슬론은 독일 식물학자 브로이네Johann Philipp Breyne, 1680~1764의 도움을 받았다. 브로이네가 슬론과는 별도로, 또 슬론이 그런 식물을 받았다는 사실을 전혀 모른 채로 인도에서 양을 닮은 뿌리줄기를 발견했던 것이다.

슬론과 브로이네는 결국 학자들과 일반 대중들을 설득하였다. 나무 양은 양이 자라는 식물이 아니라 상상력 풍부한 이야기가 낳은 결과라는 사실을 말이다.

그 식물은 거꾸로 세우면 뿌리줄기가 양을 닮았다. 곧 전 세계가 그들의 말에 귀를 기울였다. 카를 폰 린네도 동조하여, 뿌리줄기가 양을 닮은 그 나무고사리에게 키보티움 바로메츠Cibotium barometz라는 이름을 붙여주었다. "바로메츠barometz"는 타타르어로 "어린 양"이라는 뜻이다.

그래도 의문은 남는다. 그 양치식물은 동남아시아에서만 자라는데 어떻게 중세시대에 양 나무에 얽힌 이야기가 타타르왕국에서 전해져 올 수 있었을까? 키보티움Cibotium 속의 그 나무고사리가 전설의 그 나무 양이라는 슬론의 주장은 틀렸을까? 그렇다는 증거가 있다. 키보티움보다 원래의 나무 양 설명에 더 맞는 식물이 있기 때문이다. 바로 목화이다. 나뭇가지에 하얀 솜털을 매단 목화는 맨드빌의 이야기에 나오는 그 식물과 너무나 닮았다. 이미 고대 그리스 역사가들도 인도의 목화에 대해 기록을 남겼다. 또 고대 그리스 사람들은 "양모 뭉치가 달린 나무"라는 이름을 널리 사용했다. 당시 그리스 사람들이 옷을 전부 양털로 지어 입었다는 사실을 생각하면 너무도 자연스러운 비유이다.

아마 맨드빌은 이 이름을 그대로 쓰는 수준을 넘어 더 양념을 뿌렸을 것이다. 당시 타타르왕국에서는 목화가 자라지 않았지만, 많이 오가는 교역 상품이었으므로, 맨드빌도 고대 그리스 사람들도 목화를 보았을 확률이 무척 높다. 그래서 인도의 나무고사리에 양을 의미하는 타타르 말이 학명으로 붙게 된 것이다. 작은 나무고사리 한 그루가 일으킨 소동치고는 참으로 대단하다 할 것이다.

식품과 의약품

양치식물은 원시시대부터 약용식물로 사용되었다. 대부분 일반적인 건강 증진 용도였다. 고대 그리스 사람들도 양치식물의 약용 효과를 발견하여 천식, 탈모, 신장병, 회충증 등의 치료에 두루두루 사용하였다.

　유럽에서는 중세 시대부터 양치식물을 약용으로 사용하기 시작했다. 가령 관중은 구충제로 사용하였다. 심지어 옛 민간요법에서는 관중을 류머티즘에서 부터 정맥류를 거쳐 요통에 이르기까지 온갖 질병을 치료하는 만병통치약으로 생각했다. 그러나 관중은 심각한 부작용을 초래하였고, 심한 경우 환자가 사망하기도 했다. 따라서 부작용이 덜한 대안이 발견되자 관중은 곧바로 약용식물 자리에서 퇴출당하고 말았다. 의료용으로 사용한 또 하나의 양치식물은 차꼬리고사리 Asplenium trichomanes였다. 간과 비장 질환에 그 잎을 끓여 마셨다. 양치식물은 종마다 독성이 다르며 맹독성 종과 헷갈리기가 쉬우므로 함부로 약으로 쓰면 안 된다. 그래도 굳이 의료용으로 쓰고 싶다면 전문가와 의논하기를 바란다.

미역고사리
POLYPODIUM VULGARE

키가 약 20cm인 상록성 양치식물이다. 중부유럽에서 널리 자라고, 우리나라에서도 제주도와 울릉도에서 만날 수 있으며 일본에도 서식한다. 돌과 바위, 쓰러진 나무, 특히 침엽수를 덮은 이끼 틈에서 자란다. 일찍부터 온갖 질병에 두루두루 사용하였다. 뿌리를 끓여 마시면 땀과 소변의 배출을 촉진하여 병을 몸 밖으로 쫓아낸다고 믿었다. 지금도 대안 의학에서는 미역고사리를 진해거담제와 변비약으로 사용하고 있다. 심지어 예전에는 담배에도 미역고사리를 넣었다. 담배는 18세기는 물론이고 19세기 말까지도 중요한 유용작물이었다. 미역고사리 뿌리를 갈아서 씹는 담배에 넣으면 담배의 향이 좋아진다.

사용처
미역고사리 뿌리는 약국이나 티샵에서 살 수 있다. 배설 촉진 효능이 있으므로 어린이나 임산부에게는 권하지 않으며, 건강한 사람도 정해진 기간에만 섭취해야 한다. 제조사가 정한 용량과 주의사항을 반드시 유의하고, 의심이 갈 때는 의사와 의논해야 한다.

가래와 기침
가래나 만성 기침에는 말린 미역고사리 1티스푼을 끓인 물 100ml에 넣고 10~15분 동안 우린 다음 마신다.

변비
변비에는 미역고사리 1티스푼을 200ml의 끓는 물에 넣고 최소 5분 동안 삶은 후 2~3시간 우려서 마신다.

나도고사리삼 *OPHIOGLOSSUM VULGATUM*

나도고사리삼은 많이 커봤자 키가 15cm를 넘지 않는 다년생 양치식물이다. 짧은 뿌리줄기에서 생김새가 다른 두 가지 잎이 솟아 나온다. 넓적한 모양의 영양잎과 가늘게 자라는 홀씨잎이 그것인데, 홀씨잎의 양쪽 가장자리에는 빽빽하게 줄을 맞추어 홀씨들이 달려 있다. 홀씨가 깃털 모양으로 좌우 짝을 맞추어 달리는 두메고사리삼Botrychium lunaria과 달리 나도고사리삼의 홀씨 잎은 잎 가장자리에 톱니 모양이 하나도 없이 매끄러운 전연(全緣)이며 폭이 좁다. 홀씨잎의 윗부분은 뾰족하고 홀씨가 달리지 않는다. 홀씨는 둥글고 생김새가 다 똑같다.

또 나도고사리삼 속의 종들이 다 그렇듯 뿌리는 있지만 뿌리털은 없다. 아마 수지상균근균에게 뿌리의 기능을 넘겨주었을 것이다. 수지상균근균이란 균류와 고등식물의 공생을 일컫는다. 땅밑에서 얼키고설킨 미세한 균류들이 식물의 뿌리로 밀고 들어와 물과 양분의 흡수를 돕는다. 그 대가로 균류는 식물에게서 유기물을 얻는다. 균류는 식물에게 항균 물질도 제공하므로 세균의 공격으로부터도 식물을 지켜준다.

나도고사리삼 *OPHIOGLOSSUM*

나도고사리삼 속에는 약 40종이 포함된다. 이 많은 종이 세계 곳곳으로 퍼져나가 자라므로 곳곳의 민간요법에서도 널리 사용되고 있다.

중부유럽에서 자라는 종은 나도고사리삼Ophioglossum vulgatum 하나뿐이다. 어디서나 잘 자라는 이 양치식물은 키가 작아서 15cm 정도이다. 잎이 한 장뿐이고, 홀씨가 두 줄로 줄지어 달린 길쭉한 홀씨잎은 똑바로 자라기 때문에 알아보기가 쉽다.

학명인 오피오글로숨Ophioglossum은 대(大) 플리니우스*가 그리스어 "오피오스ophios"(뱀)과 "글로사glossa"(혀)를 합쳐서 지었다. 홀씨주머니의 형태가 뱀의 혀를 닮았기 때문이다. 린네는 1741년 스웨덴의 고틀란드섬에 갔다가 이 식물을 발견하고서 그것의 치유 효능을 기록으로 남겼다. "이곳 사람들은 오피오글로숨을 레이크퉁가Laketunga라고 부르며 이것으로 연고를 만든다."

그렇지만 약용식물이라는 영예는 그리 오래가지 못한 것으로 보인다. 1801년 스웨덴의 해부학자이자 인류학자인 안데르스 아돌프 레치우스Anders Adolf Retzius는 《스웨덴 식물 경제학 실험 Försök til en Flora Oeconomica Sveciæ》에서 린네가 연고 사용에 대해서만 언급했을 뿐, 조제법은 기록하지 않았다고 적었다. 이어 그는 이렇게 말했다. "……그러나 무슨 대단한 효과를 기대할 이유는 없다."

그러나 나도고사리삼을 약용식물로 취급한 사람은 린네만이 아니었다. 다른 유럽 국가들에서도 나도고사리삼으로 다양한 종류의 치료 연고를 만들었다는 기록들이 남아 있다. 뱀에 물렸을 때, 눈이 가려울 때, 상처가 났을 때도 그 연고를 발랐다고 한다.

*플리니우스(Secundus Gaius Plinius, BC 29-79) : 로마의 백과사전 서적 저술가로, 이름이 비슷한 조카와 구분하기 위해 대 플리니우스라고 부른다

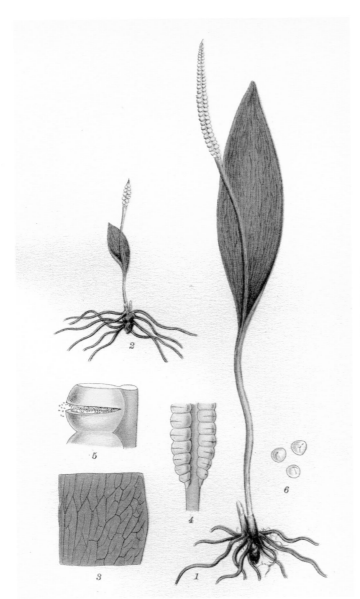

카를 악셀 마그누스 린드만Carl Axel Magnus Lindman의 책
《북방 식물 그림Bilder ur Nordens Flora》(1922년)에 실린 나도고사리삼.

영국 약초학자 존 제라드John Gerard는 1597년에 나온 《약초The Herball》에서 이렇게 적었다. "나도고사리삼의 잎을 돌절구에 찧어서 올리브유에 넣고서 잎의 즙이 다 빠져나올 때까지 끓인 다음 잎을 말려 태운다. 그리고 그 전부를 다 거르면 특별한 초록색의 오일이나 향유가 나오는데, 세인트 존스워트St. Johanniskraut에 버금가게, 아니 그 이상으로 감염된 상처에 잘 듣는다. 또 많은 화가가 녹청이나 초록색 염료를 섞었다고 생각할 정도로 색깔이 곱다."

앤 프랫Anne Pratt은 《대영제국의 양치식물Ferns of Great Britain》(1855)에서 "제라드의 나도고사리삼 연고는 지금도 나라 곳곳에서 '유익한 초록 연고'라는 이름으로 쓰인다."고 적었다.

앤 프랫Anne Pratt, 1806~1893은 19세기에 가장 유명한 식물 삽화가 중 한 사람이다. 작가로도 유명해서 식물학과 정원, 문화사, 민속식물학에 관한 책들을 썼다. 양치식물을 다룬 그녀의 책은 2판을 찍었다.

나도고사리삼 속의 또 한 가지 종인 오피오글로숨 레티쿨라툼Ophioglossum reticulatum 역시 비슷한 방식으로 아시아 곳곳에서 약용으로 쓰이고 있다. 또 잎을 채소 삼아 익히거나 날로 먹는다. 이 종은 지금껏 발견한 유기체 중에서 가장 염색체가 많다.($2n =$ 1260-1440).

착생식물(나무에서 자라는 식물)인 아피오글로숨 펜둘룸Ophioglossum pendulum 역시 아시아에서는 채소로 먹는다. 인도네시아에서는 야자유와 섞어서 머릿결 손질에 사용하며 필리핀에서는 잎으로 차를 끓여 마시는데, 기침에 효과가 좋다고 한다.

자루나도고사리삼Ophioglossum petiolatum 차는 타이완에서는 백 년을 이어온 전통 민간요법이다. 그 차가 온갖 통증을 다 치료하는, 그야말로 만병통치약으로 통한다. 이 양치식물은 타이완섬 곳곳에서 야생으로 자라지만 타이베이 공원에도 심어놓았다. 지금도 타이완 사람들은 그 잎을 말려 갈아서 연고를 만들어 여드름 치료용으로 얼굴에 바른다.

하지만 중부유럽에서 자라는 몇 종은 독성이 강하다. 앞에서 소개한 오피오글로숨 레티쿨라툼Ophioglossum reticulatum 역시 식용은 아니라고 알려져 있다. 따라서 중부유럽에서는 함부로 양치식물을 먹으면 안 된다.

유용작물로 쓰이는 양치식물

많은 문화권에서 양치식물을 유용작물로 이용했다. 염료가 대표적인 사용처이다. 가령 하와이에 사는 양치식물인 바위고사리Sphenomeris chinensis는 붉은색 염료의 재료로 쓰였다. 과거의 작업 방식으로 돌아가 천연염료를 쓰자는 붐이 일면서 요즘 들어 이것으로 만든 염료가 인기를 끌고 있다. 프테리디움 아퀼리눔Pteridium aquilinum도 염료로 사용하는데, 이것의 뿌리줄기에서 특이한 노란색을 얻을 수 있다.

공작고사리Adiantum pedatum는 양치식물 중에서 가장 아름다운 잎으로 유명하지만 다양한 유용작물로도 쓰임새가 많다. 잎자루의 섬유가 매우 튼튼해서 특히 바구니제작에 많이 쓰인다.

예전 유럽에서는 청나래고사리Matteuccia struthiopteris를 가축에게 사료로 먹였다. 그뿐 아니라 집이나 헛간을 덮는 지붕 재료로도 사용했다. 유리공예가들은 이 고사리로 포장재를 만들었다. 부드러우면서도 튼튼해서 완충 효과가 크기 때문이다.

청나래고사리
MATTEUCCIA STRUTHIOPTERIS

빛	물	땅
양지에서 음지까지	습한 토양에서 젖은 토양까지	점토질토양을 좋아한다

청나래고사리는 생김새는 평범하지만, 꽃병 모양으로 오목하게 자라고 깃털 잎이 예뻐서 정원에 심으면 장식 효과가 크다. 영양잎과 홀씨잎을 다 내는데, 영양잎은 이른 봄에 나오고, 돌돌 말려 있다가 우아하게 펴진다. 홀씨잎은 나중에야 자라는데, 홀씨가 떨어지고 나서도 갈색 포막이 겨울을 견디고 이듬해 봄까지 잎에 붙어있으므로 잎이 참 예쁘다.

1830년 무렵에 영국에서는 프테리디움 아퀼리눔Pteridium aquilinum을 태워 그 재로 비누를 만들었다.

양치식물로 만든 퇴비는 비료로 쓰인다. 특히 고비속 양치식물들은 난초를 키울 수 있는 좋은 흙을 제공하였다.

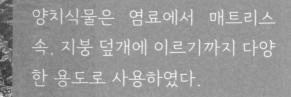

양치식물은 염료에서 매트리스 속, 지붕 덮개에 이르기까지 다양한 용도로 사용하였다.

공작고사리
ADIANTUM PEDATUM

공작고사리의 잎자루 섬유는 아주 튼튼해서 바구니를 짜거나 끈으로 사용했다.

프테리디움 아퀼리눔 *PTERIDIUM AQUILINUM*

이 양치식물은 지구에서 가장 흔한 식물 중 하나여서, 성가신 잡초 취급을 받을 때가 많다. 영국은 국토의 3%를 이것이 뒤덮고 있다. 중부유럽에서는 해가 잘 드는 숲에서 아주 많이 자란다.

이 종은 잎자루가 길고 세번깃꼴겹잎이 수직으로 빽빽하게 자란다. 뿌리줄기를 약간 비스듬히 자르면 그 내부 관다발의 모습이 상상력을 조금 보태서 독수리 실루엣을 닮았다. 또 봄에 나는 새순은 어찌 보면 발톱을 움켜쥔 독수리처럼 생겼다. 그래서 독수리 고사리라고도 부른다. 영어 이름 "브래큰bracken"은 북방에 어원을 두고 있으며 스웨덴 이름 "브라켄braken" 및 덴마크 이름 "브레그네bregne"와 마찬가지로 고사리 일반을 뜻하는 총칭으로도 쓰인다. 이 식물을 영국으로 들여온 이는 스칸디나비아의 바이킹 족이다. 유용작물로 수입했는데, 특히 채소로 먹으려고 재배하였다.

이 종이 이처럼 널리 번질 수 있었던 것은 길고 강인한 땅밑 뿌리줄기 덕분이다. 잎자루와 잎몸은 전체 생물량의 10%밖에 안 되고, 나머지는 다 뿌리줄기이다. 이 사실은 이 녀석의 번식 속도가 빠른 이유이기도 하지만, 또 일단 정원으로 들어온 이 녀석들을 제거하기가 좀처럼 쉽지 않은 이유이기도 하다.

그게 전부가 아니다. 이 종은 독성이 있는 타닌, 페놀과 시안화물을 배출하는 글리코사이드로 가득 차 있다. 따라서 정원에서 파낼 때 옆에 동물과 어린아이가 없는지 잘 살펴야 한다. 또 타감작용(Allelopathy, 他感作用)*을 하는 물질을 주변으로 배출한다. 이 물질이 다른 식물의 성장과 번식을 방해하므로 다른 식물과의 경쟁에서 우위를 점할 수 있는 것이다.

독수리 고사리는 개미하고도 협력한다. 고사리가 꿀과 비슷한 진액을 분비하여 개미를 유인하고, 개미는 식량을 뺏기지 않으려고 다른 곤충들을 내쫓는다. 그중에는 고사리에 위험할 수 있는 곤충들도 있을 것이므로 개미가 고사리의 해충을 효과적으로 막아주는 셈이다.

이렇듯 독수리 고사리는 저항력이 강해서 넓은 지역을 빠르게 잠식할 수 있다. 따라서 녀석이 정원으로 밀고 들어오기 시작하면 그냥 두고 볼 일이 아니다. 제초제를 쓰지 않고 녀석을 제거할 유일한 방법은 해마다 늦여름에 녀석의 줄기를 자르는 것이다. 끈질기게 계속 잘라주면 언젠가 녀석도 지쳐서 성장을 자제한다. 물론 그렇게 되기까지는 멀고도 험난한 여정을 거쳐야 할 테지만 말이다.

다행히 이 녀석은 쓰임새가 많다. 예전에는 헛간이나 가축우리에 짚 대신 깔았다. 잎이 흡수력이 매우 높으면서도 부피가 크지 않아서 청소가 수월했기 때문이다. 하지만 독수리 고사리가 말이나 소, 염소, 돼지 같은 가축에게 독성이 있다는 사실이 알려지면서 요즘엔 가축용으로 쓰이지 않는다.

또 정원에 훌륭한 비료가 된다. 독수리 고사리는 질소와 칼륨이 풍부하므로 퇴비로 쓰면 토질을 개선하고 흡수력을 높이며 pH가를 낮춘다. 따라서 파종 흙으로 적당하고 블루베리, 진달래, 동백나무처럼 pH가 낮아야 하는 식물에 쓰면 좋다. 요즘엔 정원에 이탄 비료를 많이 쓴다. 하지만 이탄 채굴은 문제가 없지 않다. 자연이 이탄을 만들려면 엄청나게 많은 시간이 필요한데, 지금 우리는 자연이 따라올 수 없을 속도로 이탄을 채굴해대고 있다. 당연히 균형이 깨진다. 우리는 지구의 자원을 갉아먹는 사이 생태계가 파괴되고 중요한 서식공간이 사라진다. 그 대안으로 강하고 널리 퍼지는 이 독수리 고사리를 거름으로 만들어 쓴다면 자연보호에 크게 일조할 수 있을 것이며, 지구는 물론이고 우리 인간에게도 이로울 것이다.

이 고사리는 땅속의 습기를 보존하고 잡초를 억제한다. 실험 결과를 보면 고사리 내부에 타감작용을 하는 물질이 들어 있어 잡초의 성장을 크게 줄인다. 땅을 뒤덮은 독수리 고사리가 제초제 역할을 하는 셈이다. 그것도 자연 친화적인 방법으로 말이다. 또 이 고사리에는 플라보노이드가 들어 있다. 항균작용을 하는 물질이다. 따라서 실험 결과를 보면 특정 균류가 일으키는 질병을 효과적으로 해결하였다. 대표적인 균류가 감자 잎을 썩게 하는 피토프토라Pythopthora이다. 이처럼 다재다능한 독수리 고사리에는 심지어 여러 해충을 박멸하는 효과도 있다고 한다. 따라서 현재 이 고사리 추출물로 당근파리Chamaepsila rosae를 잡는 약제를 만드는 실험이 진행 중이다.

더 나아가 독수리 고사리는 탄소를 많이 품고 있어서 연소하여 에너지원으로 쓸 수 있다. 앞으로 지속 가능한 난방의 가장 중요한 바이오 연료 중 하나가 될 수 있을 것이다. 이미 국제 시장에는 고사리 독수리 펠릿이 판매되고 있다. 타고 남은 재는 다시 거름으로 쓸 수 있다. 질소 함량은 낮지만 대신 칼륨이 많아서 가을에 쓰기 좋은 비료를 만들 수 있다. 칼륨은 열매를 맺고 익게도 하지만 식물의 겨우살이에도 큰 도움이 된다.

공원이나 정원에서는 이 녀석이 골칫거리일 수 있다. 하지만 다른 온갖 장점들을 생각하면 그 정도 골치는 아무것도 아니다. 이 녀석을 잘 알면 정말로 다양하게 활용할 수 있다. 개인의 작은 정원에서도, 큰 사회적 틀에서도 녀석의 활용성은 무한하다. 정말 매력 넘치는 식물이 아닌가!

---

* 식물에서 일정한 화학물질이 생성되어 다른 식물의 생존을 막거나 성장을 저해하는 작용

프테리디움 아퀼리눔
PTERIDIUM AQUILINUM

빛
반그늘

물
마른 흙

땅
양분이 없는 척박한 산성 땅

물개구리밥 *Azolla* – 두루두루 쓰임새가 많은 작은 양치식물

물에 사는 물개구리밥 속Azolla에는 세상에서 가장 작은 양치식물 종인 아졸라 카롤리니아나Azolla caroliniana도 포함된다. 이 종은 지름이 0.5~1cm밖에 안될 정도로 작다. 그러나 물개구리밥 속은 생태학적으로도 매우 중요할 뿐만 아니라 기후에도 긍정적인 작용을 하므로 학계에서 여러모로 센세이션을 불러온 매력적인 속이다.

물개구리밥은 공기 중 질소를 흡수하여 토질을 개선할 수 있다. 더 정확하게 말하면 질소가 아니라 질소를 고정하는 시아노박테리아Anabaena azollae이다. 이 박테리아들이 잎 위쪽의 빈공간에서 살면서 -식물이 흡수할 수 없는- 순수 질소(N_2)를 식물이 쓸 수 있는 암모니아로 바꾸어준다. 양쪽 모두가 공생의 덕을 본다. 시아노박테리아는 넉넉한 자리를 확보하여 성장하고, 물개구리밥은 생존에 필요한 질소를 꾸준히 공급받는다. 두 종은 따로따로 성장하지만 함께 있을 때 가장 번성한다. 물에서 자라는 물개구리밥은 예로부터 거름으로 사용하였다. 또 논에 잡초를 억제하는데, 특히 중국과 베트남에서 크게 활약한다. 덕분에 농부들은 같은 논에 계속해서 벼를 심어도 수확량을 유지할 수 있다.

세계인구가 계속해서 늘어나고, 그로 인해 쌀과 다른 식량의 생산량도 매년 증가하는 상황에서 이런 지식은 큰 의미가 있다. 지금도 약 25억 명이 쌀을 주식으로 삼으며, 전 세계의 벼 재배 면적은 약 11% 증가하였다.

물개구리밥 풋거름은 작은 규모로도 가능하다. 물개구리밥은 정원 연못에서도 잘 자란다. 녹적색의 잎이 아름다워 장식 효과도 뛰어날 뿐 아니라 자라

세상에서 제일 작은 이 양치식물은 불과 2~3일 만에 생물량을 두 배로 늘릴 수 있다. 따라서 대기에 이산화탄소의 형태로 떠돌아다니는 엄청난 양의 탄소를 저장한다.

는 속도가 워낙 빨라서 한철에도 여러 번 베어 풋거름으로 쓸 수 있다. 빨리 자라지만 추운 지방에서는 겨울을 나지 못하므로 한해살이 식물로 심을 수 있다. 물론 집 안으로 옮기면 실내에서 겨울을 날 수 있다.

인간과 환경에 유익한 특성은 더 있다. 이 녀석은 불과 2~3일 안에 생물량을 두 배로 불릴 수 있으므로 대기에서 엄청난 양의 탄소를 붙들 수 있다. 탄소를 그대로 두면 대기로 올라가 이산화탄소가 된다.

따라서 물개구리밥을 대량으로 재배한다면 -4900만 년 전에도 그랬듯- 온실효과를 줄이고 기후 온난화를 막을 수 있을 것이다. 얼마 전에 밝혀진 사실로, 당시에 물개구리밥이 북극해에 폭발적으로 증식하였다. 그리고는 공기 중의 이산화탄소를 붙들어 끌고서 해저로 가라앉았기에 당시의 온실효과 감소에 큰 도움을 주었다.

또 하나, 물개구리밥은 모기 퇴치에도 그저 그만이다. 물개구리밥의 번식 속도가 워낙 빠르므로 모기가 수면에 알을 낳을 수가 없다. 유충도 수면에 떠서 숨을 쉴 수 없으므로 질식하고 만다. 그래서 말라리아 퇴치에도 매우 효과적인 도구가 될 수 있다. 세상에서 제일 작은 양치식물이 온 사회를 이토록 이롭게 하다니!

물론 바로 그 성질 탓에 문제아가 될 수 있다. 물개구리밥이 다른 수생식물을 다 뒤덮어 버릴 테니 말이다.

"양치식물. 숲과 같은 토양에서 자란다. 뿌리가 땅 깊숙이 파고들어 이웃 식물을 말려 죽인다. 밭에 뿌리 내린 양치식물은 여간해서는 파내기 힘들다. 덴마크에서는 말 건초로 쓰며, 가난한 사람들은 이불이나 매트리스 속에 양치식물을 집어넣는다. 영국에서는 장작 대용으로 불을 지피는데 화력이 너무 세기는 하다. 그 재를 물에 넣고 끓인 다음 둥글게 빚으면 비누 대용으로 쓸 수 있다. 양치식물은 조금만 추워도 잎이 누렇게 변하므로 밤 서리를 예보한다. 땅바닥에서 비스듬히 뿌리를 자르면 얼룩얼룩한 독수리 모양을 볼 수 있다. 회충 퇴치에도 도움이 되므로 뿌리를 곱게 빻아 하루 최고 3번까지 아이에게 먹이면 큰 효과를 볼 수 있다. 또 그 뿌리를 잘게 잘라 차를 끓여 일주일에 한 번 마시면 변비에 좋다.

출처: 카를 프레데릭 호프베르그 (Carl Fredrik Hoffberg), 《식물왕국 사용설명서 Anwisning til Wäxt-Rikets kännedom》, 1792년

503

A. STENBRÄKEN, CYSTOPTERIS FRAGILIS (L.) BERNH.
B. HÄLLEBRÄKEN, WOODSIA ILVENSIS (L.) R. BR.

502

GRANBRÄKEN, DRYOPTERIS CRISTATA (L.) A. GRAY.

SALVINIA MOLESTA
정말 지긋지긋하게 성가신 큰생이가래

작은 양치식물 하나가 8만 명의 생활을 엉망으로 만들 수 있을까? 온 사회가 마비되고 생필품 수급에 차질이 생기고, 병원과 공공기관이 어려움을 겪고 주민들이 집을 떠날 수밖에 없도록 만들 수 있을까? 말도 안 되는 소리 같지만 1980년대 초에 생이가래 한 종이 파푸아뉴기니의 세픽강에서 미친 듯이 번져나가자 정말로 그런 일이 일어났다.

문제의 양치식물은 생이가래 속Salvinia의 외래종으로, 불과 이틀 만에 두 배로 증가할 수 있다. 파푸아뉴기니의 열대 기후를 만나자 생이가래는 순식간에 강과 호수를 양탄자처럼 뒤덮었고 토종

식물 종을 몰아냈다. 일부는 그 두께가 몇 미터에 이르러 카누가 다닐 수도 없었다. 카누는 그 지역의 가장 중요한 교통수단이므로, 사람들은 학교도, 병원도 갈 수 없게 되었다. 또 물고기를 낚을 수가 없어 생계가 위태로워졌고, 식료품의 공급 길도 막혔다. 생이가래가 너무 번져서 온 마을 사람들이 고향을 등져야 하는 사태도 벌어졌다.

침입종 큰생이가래가 문제를 일으킨 경우는 이번이 처음이 아니었다. 1939년에 이미 스리랑카에서도 큰 소동이 벌어졌다. 식물원에 있던 이 양치식물이 주변 야산으로 번져나간 것이다. 그리고는

동남아, 인도, 오스트레일리아, 남아프리카의 넓은 지역을 점령하였다.

짐바브웨와 잠비아에서도 같은 일이 벌어졌다. 큰생이가래가 불과 3년 만에 카리바 호에서 무려 1,000 제곱미터에 달하는 거대한 면적을 발 디딜 틈 하나 없이 빽빽하게 뒤덮어 버린 것이다.

도저히 그냥 두고 볼 수 없는 사태에, 전 세계 학자들이 대처방안을 고심하기 시작했다. 그러나 뾰족한 수가 없었다. 일단 제초제를 뿌려보았다. 많은 수가 죽었지만, 항상 몇 포기는 끝까지 살아남았고 순식간에 다시 번져나갔다. 더구나 이 넓은 지역에 제초제를 뿌리려면 비용이 상당했다. 또 지금 우리는 제초제가 사람과 환경에 좋지 않다는 사실을 잘 안다.

그래서 이번에는 그물을 이용해 제거에 나섰다. 하지만 작은 것들이 쏙쏙 그물을 빠져나갔다. 다음으로 물속에 큰 울타리를 쳐서 생이가래의 성장을 막고자 했다. 하지만 얼마 안 가 두껍게 깔린 생이가래 양탄자의 무게를 못 이긴 울타리가 와지직 부서지고 말았다. 기계로 파내어버리자는 아이디어는 오히려 역효과를 냈다. 기계가 생이가래를 잘게 쪼개자 그것들이 다 뿌리를 내려 개체 수가 전보다 더 늘어났기 때문이다.

물에 사는 잡초를 먹어치운다는 초어*도 데려와 실험해보았다. 하지만 물고기가 큰생이가래에게는 도통 관심을 보이지 않았다. 또 가축 사료로도 적합하지 않았다.

희망이 없어 보였다. 1960년대에 이 문제로 골머리를 앓던 식물 보호 전문가들은 결국 천적을 찾아 나섰다. 그런데 그만 착각을 해서 큰생이가래를 남미 열대 지방에서 사는 살비니아 아우리쿨라타Salvinia auriculata라고 판단하였다. 그리고 그곳에서는 이 양치식물 때문에 큰 문제가 일어나지 않는 것으로 보아 분명 이것을 먹고 사는 곤충이 있을 것이라 기대하였다. 곧이어 트리니다드와 가이아나에서 수색작업을 시행하였고, 전도유망한 세 종을 찾아냈다. 나방 하나, 메뚜기 하나, 딱정벌레 하나였다. 그리고 이 곤충들을 방사한 후, 혹시라도 경제적으로 중요한 그 지역의 토종식물을 잡아먹지는 않는지 유심히 살폈다. 메뚜기는 딸기에 관심을 보여 퇴출당했다. 나방과 딱정벌레는 생이가래만 좋아했다. 아름다운 결말이 가까운 것 같았다. 하지만 생이가래가 문제를 일으킨 지역에 곤충들을 풀어놔도 상황은 별로 달라지지 않았다. 어떻게 된 일일까? 정말 이놈의 생이가래는 그 누구도 무찌를 수 없는 천하무적이란 말인가?

* 풀을 먹는 잉어과의 민물고기로 몸집이 크다.

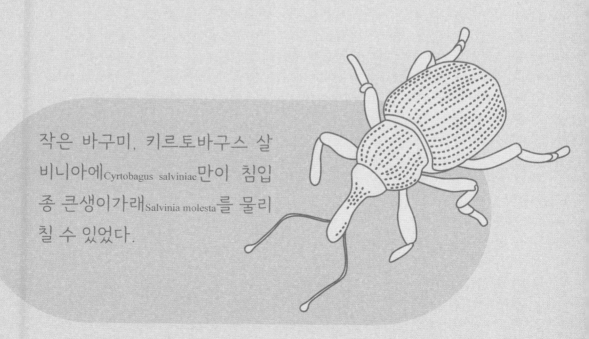

작은 바구미, 키르토바구스 살비니아에Cyrtobagus salviniae만이 침입종 큰생이가래Salvinia molesta를 물리칠 수 있었다.

질문의 대답과 해결책은 런던대학교에서 날아왔다. 곤충을 데려다가 한창 실험을 하고 있을 즈음 런던대학교의 학자 데이비드 미첼David S. Mitchell이 면밀한 연구 끝에 그 식물이 살비니아 아우리쿨라타가 아니라 지금껏 알려지지 않은 종이라는 사실을 입증한 것이다. 미첼은 그 종에게 살비니아 몰레스타Salvinia molesta라는 이름을 붙여주었다. 성가신 생이가래라는 뜻으로, 찰떡같이 어울리는 이름이었다. 나아가 그는 이 종이 아우리쿨라타보다 훨씬 침입성이 강하다는 사실도 확인했다. 그런데 대체 어떤 녀석이기에 이렇게 미친 듯이 번식하는 걸일까?

큰생이가래의 잎 안쪽에는 공기층이 있어서 가라앉지 않는다. 물에서 살기에는 너무도 바람직한 적응이다. 잎의 바깥은 두꺼운 털로 덮여 있는데, 이것이 잎 표면을 다시 한번 덮는 2차 표면 역할을 한다. 그래서 잎을 억지로 물속으로 밀어 넣으면 털과 잎 표면 사이에 공기가 갇히고, 완전히 뽀송뽀송한 상태로 금방 다시 수면으로 떠 오른다.

또 한 가지 특이한 점은 "뿌리"이다. 잎에서 나와 물속으로 늘어져 있는 백갈색 뿌리 덩이는 사실 뿌리가 아니라 홀씨를 매단 잎이다. 이 식물은 뿌리가 없다. 식물학자들이 오랫동안 헷갈렸던 사실이다. 아마도 이 녀석은 물속의 잎으로 양분과 물을 흡수하는 것 같지만, 아직 명확하게 입증된 사실은 아니다. 물속에 늘어져 있는 잎은 닻의 역할도 하므로 식물이 더 안정적으로 지탱할 수 있다.

큰생이가래는 이상하게도 유성생식의 능력이 없다. 홀씨는 절대 성숙하지 않는다. 무성으로만 번식하므로, 전 세계에 사는 이 종의 식물은 모두가 유전적으로 동일하다.

이 식물이 새로운 종이라는 미첼의 발견은 해결 방안 모색에 돌파구를 마련하였다. 곤충학자들이 큰생이가래를 공격할 곤충을 찾아 나설 수 있게 되었으니 말이다. 게다가 그 곤충이 어디에 살고 있을지도 확실했다. 미첼이 리우데자네이루의 식물원에 있는 표본실에서 큰생이가래의 표본 하나를 발견한 것이다. 그것은 큰 생이가래가 브라질에서 야생으로 자라고 있다는 뜻이었다.

곤충학자들은 확신을 갖고 브라질의 숲으로 향했고, 실제로 그곳에서 그리 크지 않은 큰생이가래의 싱싱한 야생 군락을 발견하였다. 그런데 이상하게도 살비니아 아우리쿨라타한테서 발견했던 바로 그 곤충이 큰생이가래를 먹고사는 것 같았다. 골치가 아팠지만, 학자들은 그 브라질 바구미를 데려와서 큰생이가래에 점령당한 오스트레일리아의 호수에 방사하였다. 결과는 대성공이었다! 바구미와 큰생이가래는 한쪽이 다른 쪽을 죽이거나 뒤덮어버리지 않고 사이좋게 살았다. 어떻게 이런 일이 가능했을까? 알고 보니 생이가래만 신종이 아니라 생이가래를 먹고 사는 바구미도 신종이었다. 학자들은 녀석에게 키르토바구스 살비니아에 Cyrtobagus salviniae라는 이름을 붙여주었다.

1983년, 이 바구미를 파푸아뉴기니의 세픽강에 방사하였다. 8개월 후 250 제곱미터이던 해당 면적이 2 제곱미터로 줄었고, 2 톤에 가까운 큰생이가래가 사라졌다. 생물학적 방제가 얼마나 효과적일 수 있는지를 보여주는 아름다운 사례이다. 대규모이건 소규모이건 방법은 자연의 게임규칙과 조화를 이룰 때에만 통한다.

지금까지는 그래도 큰생이가래가 문제를 일으키는 지역이 열대와 아열대로 그쳤다. 하지만 이 녀석이 영하의 온도도 견디는 만큼 기후변화가 심해지면 온대로도 번져나갈 수 있을 것이다. 물론 우리에겐 다행스럽게도 해결책이 있다. 이 이야기의 주인공, 큰생이가래의 크립토나이트*, 작은 바구미 키르토바구스 살비니아이다.

* DC 코믹스 세계관에 존재하는 가상의 물질로, 슈퍼맨의 대표적인 약점이다.

고사리 광풍

PTERIDOMANIA

초록에 미친 시대

양치식물의 역사는 길다. 공룡의 흥망성쇠를 목격했고 여러 번의 멸종을 견디고 살았으며 인류 역사에서 중요한 역할을 했다. 역사상 가장 대단한 열풍은 빅토리아 시대의 영국이었다. 양치식물은 절대적인 숭배의 대상이었고, 식물로도, 현상으로도 빅토리아 사회 전반을 관통하였다.

빅토리아 시대는 1837~1901년까 지였다. 당시에는 여왕 빅토리아 가 대영제국을 다스렸다.

지도는 1897년의 대영제국 영토이다. 영국 본토에서 머 나먼 곳까지도 다 영국의 영토였기에 온갖 이국적인 양치 식물 종을 본국으로 데려올 수 있었다.

그림과 디자인에도, 당연히 정원에도, 심지어 건축과 연극에도 양치식물이 등장했다. 실내장식에선 화분에 심건 무늬로 쓰건 양치식물이 필수였다. 이 시기 동안 양치식물은 온 사회의 상 상 세계를 지배하였고, 사람들은 완전히 양치식물에 미쳤다.

빅토리아 시대의 영국 사람들은 화려한 색깔을 좋아했다. 실내장식도, 옷도, 정원도 화려한 색깔이었다. 그런데 언젠가부터 알록달록한 화단은 정신이 없고 세련미도 떨어진다는 목소리가 들리기 시작했다. 원예 책이나 잡지들이 앞다투어 화려한 식물 대신 양치식물을 찬양하기 시작했다. 이제 양치식물 정원은 세련미와 고급 취향의 증거가 되었다. 그러니 양치식물 광풍에는 유행을 따르지 않았다가는 천박하게 보일지도 모른다는 두려움도 크게 한몫했을 것이다.

19세기가 되자 영국은 물론이고 유럽 다른 나라들에서도 식물과 식물학에 대한 관심이 높아갔다. 사람들은 식물을 수집하고 외래종 식물을 심었다. 이런 식물 열풍은 대부분 과학적 호기심에서 출발하였다. 하지만 식물애호가들에게 계속해서 새로운 제품을 공급하여 구매를 자극한 원예업체들의 역할도 적지 않았다. 양치식물의 원시적인 성격은 새로이 깨어난 고고학과 화석에 대한 관심과도 잘 맞아떨어졌다.

대영제국이 강해지고 날로 영토가 늘어나면서 이국적인 식물에 대한 관심도 커져만 갔다. 영국 식민지에 상주하던 식물학자들이 계속해서 새로운 식물 자료를 본국으로 보냈다. 워드 상자(104-107쪽을 참고할 것)가 탄생하면서 장거리 수송이 가능해지자 본국으로 들어오는 식물의 양이 폭증하였다. 양치식물의 양도 당연히 엄청나게 늘었다. 양치식물을 바라보는 시각이 바뀌자 본국의 토종 양치식물을 대하는 태도도 바뀌었다. 토종 양치식물 역시 귀한 식물로 대접받았다.

아글라오모르파 메예니아나 ─
AGLAOMORPHA MEYENIANA

아글라오모르파 메예니아나는 착생 양치식물로 필리핀이 고향이다. 잎이 곰 발바닥을 닮았으므로 빅토리아 시대 영국의 양치식물원에서 인기가 높았다.

영국 식물학자들이 식민지에서 발견한 외래종 양치식물이 크게 유행하였다. 대영제국 전체의 양치식물원도 점차 이 외래종들이 점령하였다.

외래종 식물을 수집하는 사람들은 17세기에도 있었다. 1689년에 아서 로든 경Sir Arthur Rawdon은 오렌지 온실에 심을 식물을 구해오라며 정원사 제임스 할로James Harlow를 자메이카로 보냈다. 할로는 1,000종의 식물을 들고 집으로 돌아왔는데, 그중에는 외래종 양치식물도 들어 있었다. 그러나 18세기 초반만 해도 영국 본토에서 자라는 외래종 양치식물은 소수에 불과했다. 여러 가지 이유가 있었겠지만, 양치식물을 번식시킬 기술이 없었던 것이 주요한 이유였다. 심은 양치식물이 죽으면 새것으로 교체를 했는데, 그러자면 다시 식민지에서 가져와야 했다. 당연히 힘과 비용이 많이 들었고 시간도 오래 걸렸다.

왼쪽 :
블레크눔 브라질리엔세
BLECHNUM BRASILIENSE

오른쪽 :
서양개고사리
ATHYRIUM FILIX-FEMINA
와이트섬에 있는 빅토리아 여왕의 여름 별장 오스본 하우스에서 개량한 "빅토리아에"

위 : 우드워디아 우니겜마타Woodwardia unigemmata, 상록성 양치식물.

오른쪽 : 워드 상자를 발명한 나다니엘 워드가 1955년 런던의 약제사 홀Apothecaries' Hall에서 말을 하고 있다.

맨 오른쪽 : 콘월의 트레바 가든

외래종 양치식물의 본격적인 재배는 1794년 자메이카의 외과 의사 존 린지John Lindsay가 홀씨를 이용한 믿을만한 양치식물 번식법을 발견하면서 시작되었다. 린지는 홀씨를 씨앗이라고 생각했다. 양치식물의 정확한 생명주기를 알게 된 때는 1848년이지만, 어쨌든 린지 덕분에 외래종 양치식물이 식물원과 개인 정원을 가리지 않고 영국 본토 곳곳으로 퍼져나갔다.

양치식물이 폭발적으로 늘어난 데에는 정원을 바라보는 눈이 달라진 것도 한몫했다. 정원이 더는 최상류층의 사치품이 아니었다. 빠르게 성장하는 중산층은 물론이고 노동계급까지도 서서히 집 정원에 관심을 보였다. 기술과 화학약품의 개발, 봇물 터지듯 쏟아져 나온 정원 문학도 이들 아마추어 원예가들을 부추겨 도심이나 근교의 집에 작은 정원을 마련하라고 채근했다. 물론 어둡고 습한 정원도 많았지만, 오히려 양치식물에게는 기회였다. 공기만 어느 정도 산성이라면 어둡고 습한 곳이야말로 가장 편안한 환경일 테니 말이다.

나다니엘 백쇼 워드와
그가 발명한 워드 상자

영국 의사 나다니엘 백쇼 워드Nathaniel Bagshaw Ward는 19세기 초에 런던의 가난한 동네 이스트 엔드에서 병원을 운영하였다. 여가시간에는 식물학을 열심히 공부했고, 직접 양치식물을 키우기도 했다. 어쩌다 그런 취미를 갖게 된 것인지는 모른다. 그의 어린 시절에 관해서는 알려진 사실이 많지 않다. 어린 시절에 자메이카에서 살았는데, 아마 그것이 외래종 식물과 양치 재배에 대한 그의 열정을 키웠던 것 같다.

워드도 그랬지만, 당시 도심에서 정원을 가꾸는 수많은 사람이 나쁜 대기질 탓에 골머리를 앓았다. 스모그가 너무 심해서 식물이 제대로 자랄 수가 없었다. 공장 굴뚝에서 뿜어져 나오는 유황 가스와 산성비 탓에 대부분의 식물이 말라 죽었다. 산업 혁명으로 영국의 석탄 소비가 엄청나게 늘었고, 스모그는 날이 갈수록 짙어졌다.

정원을 가꾸겠다는 꿈을 접기 일보 직전인 1829년, 그는 중요한 사실을 깨달았다. 그리고 이런 그의 깨달음은 영국의 고사리 광풍을 부추겼을 뿐 아니라 전 유럽으로 정원 문화를 보급하는 결정적인 계기가 되었다. 워드는 양치식물 재배를 잠시 중단하고 대신 나비에게 관심을 쏟았다. 유리 용기 바닥에 이끼와 흙을 살짝 깔고서 번데기가 되기 전인 나비 애벌레를 그 위에 놓고 얇은 천을 덮었다. 그런데 어느 날 보니 유리 용기 안에 어린나무 한 그루가 자라고 있었다. 흙에 씨앗이 들어 있다가 축축한 이끼 안에서 발아를 한 것이다. 유리 용기가 물이 필요치 않은 자체 생태계를 구축했다. 햇빛을 받아 온도가 오르면 수증기가 솟구치고, 그것이 응결되어 식물에게 물을 공급했다. 더구나 내부 공기는 검댕이나 오염물질에 전혀 노출되지 않았다. 양치식물에 빠진 워드는 자신이 발견한 사실에 너무도 감동하여 당장 규모를 키워 실험에 착수하였다. 유리 용기를 유리창이 달린 상자로 바꾸었다. 상자는 썩지 않도록 특별히 단단한 나무로 골라 소목장이에게 제작을 의뢰하였다. 실제로 정원에서 죽어버리던 양치식물이 유리 상자 안에서는 잘도 자랐다.

워드는 식물학자 조지 로디지스George Loddiges에게 연락을 취했다. 로디지스 역시 원예종묘사를 꾸려가고 있었다. 2년 후 두 사람은 30종의 양치식물을 성공적으로 재배하였다. 상자는 집안에서도 잘 작동했다. 양치식물에 쾌적한 기후를 제공하면서 동시에 석탄 오븐과 가스 오븐에서 배출되는 유해가스를 막아주었기 때문이다. 1842년 워드는 《유리를 꼭 맞게 끼운 상자 속 식물의 성장에 관하여On the Growth of Plants in Closely Glazed Cases》를 출간하여 다년간의 재배 경험을 소개하였다. 워드 상자는 순식간에 원예가와 식물학자들 사이에서 널리 퍼져나갔다. 하지만 아직 대중들에게는 낯선 이름이었다.

1845년, 마침내 워드의 이름과 유리 상자 재배법에 서광이 비쳤다. 영국의 높은 유리 세가 폐지되면서 유리 가격이 반 토막 났고, 유리는 건축뿐 아니라 작은 제품용으로도 더욱 손쉽게 접근할 수 있는 재료가 된 것이다. 조지프 팩스턴Joseph Paxton이 런던에 지은 그 유명한 유리 온실 수정궁 역시 유리세 폐지가 가져다준 선물이었다. 수정궁은 1851년 런던 세계 대박람회를 위해 지었다. 거대한 온실에는 워드 유리 상자 전시관도 있었는데, 조

지 로디지스George Loddiges의 사위이자 워드의 친구인 에드워드 쿡Edward Cooke이 새로운 형태로 제작한 상자였다. 당연히 로디지스의 원예종묘사에서도 상자에 넣어 키우는 양치식물을 팔았다. 박람회 전체가 엄청난 성공을 거두었다. 이제 유리 온실과 워드 상자는 일반인들에게도 유명해졌다.

앞서 소개한 워드의 책은 1852년에 다시 신판이 나왔다. 새로운 형태의 유리 상자를 담은 예쁜 그림들도 함께였다. 셜리 히버드Shirley Hibberd, 1825~1890* 역시 자신의 책《취향 있는 가정의 소박한 장식품Rustic Dornement for Homes of Tastes》에서 워드 상자를 설명하였다. 이 두 책은 워드 상자가 영국은 물론이고 어느덧 미국에서까지 상류 중산층 가정의 필수품으로 자리를 잡는 데 크게 이바지하였다. 그사이 워드 상자는 다양한 장식의 버전이 나와 있었다. 최신 유행을 좇고 싶으면 황동

손잡이와 장식이 붙은 상자를 골라 최고급 마호가니 선반에 올려놓았다. 또 대부분의 상자 유리에는 작은 골을 파서 유리에 응결된 물이 흙으로 잘 떨어질 수 있게 하였다.

조지 로디지스가 왕립 원예협회Horticultural Society의 2대 회장이 되자 워드 상자에도 더 많은 관심이 쏟아졌다. 이제 로디지스 사는 전 세계에 지사를 거느리고서 영국 식민지에서 외래종 식물을 대량으로 수입하였다. 로디지스는 워드와 협력하여 식물 수송용 유리 상자를 테스트하기 시작했다. 수송로는 멀었고, 악조건이었다. 기온 변화가 심했고 춥고 어두웠으며 짠 바닷물에 노출되고 물은 부족하고 대기 습도는 너무 높았다. 그러다 보니 스무 그루를 실었다면 배가 도착해 살아남은 식물은 한 그루에 불과했다. 하지만 습도가 충분하고 환하며 안전한 워드 상자에 넣으면 스무

* 빅토리아 시대에 원예 분야에서 가장 유명한 인물로, 영국 주간 원예 전문지인 〈아마추어 가드닝〉를 창간하였다.

워드상자는 전 세계 식물 무역을 혁신하였고 20세기까지도 널리 사용되었다. 사진은 1960년대 큐 왕립식물원에서 사용한 견본이다.

그루 중 열아홉 그루가 무사했다. 워드 상자는 날로 개량을 거듭하여 갑판에 고정할 수 있는 장치를 달았고, 덕분에 높은 파도에도 끄덕없었다. 큐 왕립식물원**도 전 세계에서 식물을 주문할 때 워드 상자를 이용하였다. 식물 사냥꾼으로 유명한 영국 식물학자 조지프 돌턴 후커Joseph Dalton Hooker, 1817~1911도 남극 탐험 때 워드 상자를 들고 갔다.

워드 상자는 약용식물과 관상식물의 수송에 혁신을 몰고 왔다. 전 세계 식물원의 식물 중에서 이 상자에 담겨 오지 않은 것이 얼마 되지 않을 것이다. 워드 상자는 개량을 거듭했고, 얼마 안 가 난방 시스템이나 수조를 갖춘 모델까지도 시중에서 거래되었다.

하지만 워드에 대한 비판이 목소리도 없지 않았다. 〈더 크로니클〉지의 한 구독자는 감금당한 식물이 정말로 행복하고 건강하다고 확신하냐고 질문했다. 실제로 많은 사람이 워드 상자에서 식물을 키우는 데 어려움을 겪었다. 하지만 그것은 구조 탓이 아니라 상자에 넣어두면 절로 잘 자랄 것이라는 잘못된 생각 때문이었다. 사람들은 식물을

워드 상자 속에 넣어두기만 하면 보살펴주지 않아도 영원히 혼자 잘 큰다고 믿었다. 정원사와 정원 관련 저서의 작가들이 이 착각을 바로잡기 위해 온갖 매체를 동원하여 유리 속 식물도 어느 정도는 보살펴야 한다고 열심히 알렸다. 하지만 여전히 사람들은 듣지 않았다.

런던의 원예 기업 "로디지스 앤 선즈Loddiges & Sons"는 유리 상자에서 키우는 신종 양치식물의 재배와 개량 부문에서 선도적인 기업으로 성장하였다. 이 회사는 전 세계로 엄청난 숫자의 양치식물 종과 품종을 공급하였다. 그러나 회사는 비극적이게도 1852년에 문을 닫고 말았다. 이제 막 영국에 양치식물 광풍이 불어닥치기 시작한 시점이었기에, 오랜 고생의 결실을 거두지는 못했다.

양치식물을 향한 워드의 사랑과 그의 혁신적인 발명품은 양치식물 광풍은 물론이고 현대식 원예의 발전에도 지대한 공을 세웠다. 그러니 식물을 사랑하는 원예 애호가라면 나다니엘 워드의 열정에 많이많이 감사해야 할 것이다.

** 영국 런던 남서부의 교외에 있는 식물원

양치식물 광풍이 불었던 시절에는 양치식물 수집과
재배에 관한 책도 엄청나게 출간되었다. 삽화가 듬
뿍 들어간 책도 많았다.

양치식물 수집 : 시대 정신에 휩쓸리다

"창조의 위대한 작품"을 연구하는 것은 신에게 다가가는 하나의 길이라 여겼고
일종의 민족적 집착으로 치달았다. 교회도 양치식물 수집을 부추겼고 양치식
물 수집을 다룬 최초의 저서 중 몇몇은 성직자가 쓴 책이었다.

수집은 어떻게 하며, 각종은 어떻게 알아보는지를 설명한 책이 봇물 터지듯
쏟아져 나왔다. 인쇄 기술의 발달로 삽화의 품질이 개선되었고, 자세한 그림 덕
분에 수집가는 더욱 수월하게 종을 구분할 수 있었다.

토종 양치식물의 조사가 끝나자 대부분의 종에는 자연 변종이 존재한다는
사실이 알려졌고, 양치식물 사냥꾼들은 다시 그것들을 수집하려 안달복달했
다. 그 모든 정보는 계속해서 발행되는 신간 서적에 발표되었다. 얼마 안 가 발
견된 양치 종과 품종의 숫자가 2천 종에 가까웠고, 그중 다수는 지금도 시중
에서 유통되고 있다.

야외 작업을 도와주는 도구도 발명되었다. 양치식물용 특수 삽과 끝에 삽
이 달린 긴 지팡이는 손이 닿지 않는 희귀종을 쉽게 파낼 수 있게 도와주었다.
수집한 보물은 이끼로 돌돌 말아서 함석으로 만든 수집 통vasculum이나 바구
니에 보관하였다.

영국 종묘회사 서튼 시드Suttons Seeds
에서 출시한 식물 수집통

양치식물을 수집하다 보면 위험이 없지 않았다. 재인 마이어스Jane Myers라는 이름의 한 젊은 여성이 어느 날 스코틀랜드에서 벼랑을 따라 걷고 있었다. 문득 바위 끝에서 자라는 예쁜 양치식물 하나가 눈에 들어왔다. 그녀는 양치식물을 억지로 파내려 했지만, 그 바위의 끝자락이 부서지는 바람에 그만 50미터 아래의 해변으로 떨어지고 말았다. 중상을 입은 그녀는 결국 사흘 후 눈을 감았다.

양치식물의 수집 광풍이 어찌나 거세었던지 수많은 종이 멸종 위험에 처했다. 19세기 말에 설립된 국립 양치식물 협회는 마음을 졸였다. 광풍은 야생에서 자라는 양치식물과 그곳 사람들의 생활도 위협했다.

양치식물이 많이 자라는 영국의 데본 같은 지역에서는 양치식물 수집이 관광상품으로 발전하였다. 사람들이 몰려와서 숙박 시설에서 잠을 자며 며칠씩 양치식물을 찾아다녔다. 그 지역 주민들은 핫스팟으로 안내하거나 직접 양치식물을 꺾어 시장이나 행상에게 팔아 짭짤한 수입을 올렸다.

젊은 여인이 양치식물을 장에 팔러 간다. 바구니에는 관중이 담겨 있고, 손에는 골고사리를 들었다.

드리오프테리스 레피도포다

DRYOPTERIS LEPIDOPODA

빛
반그늘에서 그늘까지

물
습한 토양

땅
대부분의 땅에서 잘 자란다.

그늘진 화단을 아름답게 꾸며준다. 봄에 펴지는 새순은 청동색에
서 짙은 빨강색이지만, 시간이 흐르면서 잎이 노랑과 초록으로 변
한다. 계절에 따른 잎 색깔의 변화가 커서 뛰어난 대조 효과를 거
둘 수 있다. 상록식물이고, 고향은 히말라야, 중국과 타이완 서부
및 남서부이다.

들끓는 재배의 열정

열정도, 돈도 많은 양치식물 애호가들에게는 이제 수집하거나 구매한 양치식물을 키울 수 있는 장소가 필요했다. 이곳을 양치식물관, 즉 "퍼너리Fernery"라고 불렀다. 집안이나 정원에 양치식물을 보관하는 장소를 따로 두거나, 양치식물을 키우기에 적합한 온실을 마련하는 식이었다. 양치식물 표본실도 "퍼너리"라고 불렀다. 또 양치식물 재배법을 담은 책이 수없이 쏟아져나왔다.

1870년대부터는 원예종묘사들의 판매품목에서 양치식물이 큰 자리를 차지하였다. 심지어 양치식물만 전문으로 하는 회사도 많았다. 양치식물이야말로 고객이 원하는 품목이었으니 말이다. 기차가 등장하자 도심에서 멀리 떨어진 농촌에서도 회사를 운영할 수 있게 되었다. 그곳에 더 큰 온실을 짓고서 온갖 식물을 실험할 수 있었다. 가령 제임스 비치사James Veitch & Sons는 40개의 온실과 1,500톤의 돌을 간 암석 정원을 마련하여 그곳에 암석정원용 식물과 양치식물을 심었다. 이 회사는 특히 차꼬리고사리 품종으로 유명세를 떨쳤는데, 지하에 유리로 거대한 동굴을 지어 그곳에서 재배하였다.

양치식물 애호가들은 계속해서 신품종을 찾아다녔고 원예종묘사들은 도무지 만족을 모를 것 같은 이 시장의 욕망을 채우기 위해 있는 힘을 다했다. 몇몇 영국 원예종묘사가 야생에서 찾은 흥미로운 양치식물을 무성으로 번식하고 교배하기 시작했다. 그로 인해 엄청난 숫자의 신품종이 계속해서 쏟아져나왔고, 그중 상당수는 지금도 시중에서 살 수 있다. 대표적인 품종이 빅토리아 여왕의 이름을 딴 서양개고사리 빅토리아에Victoriae이다. 이 품종은 와이트섬에 있는 빅토리아 여왕의 여름 별장 오스본 하우스에서 자라던 것이다.

엄청난 수요는 문제도 일으켰다. 계속해서 신품종을 시장에 내놓아야 한다는 압박감 탓에 충분한 시간을 두고 테스트를 할 수 없었다. 따라서 질병에 취약하고 추위에 약한 양치식물도 많이 등장했다.

은고사리 키아테아 데알바타
CYATHEA DEALBATA

잎의 밑면이 은빛으로 반짝이는 정말 아름다운 이 나무고사리는 뉴질랜드의 국화이자 상징이다. 은고사리는 뉴질랜드 항공사 로고, 럭비 국가대표 선수단의 유니폼은 물론이고, 뉴질랜드에서 가장 큰 정당 중 하나의 배지에도 그려져 있다. 예전에는 군에서 수여하는 훈장에도 은고사리가 들어 있었다. 뉴질랜드 원주민 마오리족은 은고사리를 중요한 상징으로 생각한다. 은고사리의 새순은 "코루 Koru"라고 부르는데, 마오리족에게 이 문양은 새 생명, 힘과 평화, 생명의 영원한 순환을 상징한다.

  랭커셔주의 토드모던에도 그 시대를 주름잡던 큰 원예종묘사가 있었다. 대표가 에이브러햄 스탠필드Abraham Stanfield였는데, 점차 판매 분야를 양치식물로 전문화하더니 1882년에 발행한 판매품목 목록에는 아예 양치식물밖에 없었다. 그 회사에서 파는 양치식물 종과 품종만 보아도 무려 1225종에 달했다. 윌리엄과 존 버컨헤드William and, John Birkenhead 형제는 1886년에 심지어 2,000종과 품종의 양치식물을 선보여 원예종묘사 중 최고 자리에 올랐고, 외국으로 수출을 하기도 했다. 또 이들은 양치식물의 재배와 관리를 주제로 강연과 강습을 하기도 했다. 존은 1892년에 《양치식물과 양치식물 문화Ferns and fern culture》를 썼다.

스코틀랜드 에스콕 홀의 양치식물관

양치식물관

부자들은 직접 양치식물을 재배하여 자신의 열정을 자랑하였다. 큰 땅에 거대한 온실을 짓고 그 안에 양치식물을 심었다. 야자와 난초 같은 다른 외래종 식물을 함께 심어 열대 분위기를 내는 경우도 드물지 않았다. 외국에서 들여온 외래종 양치식물도 많이 심었고, 그것들을 위해 난방 장치도 하기도 했지만 아무래도 추위에 강한 양치식물이 대다수였다. 큰 연못 가장자리, 돌이 많은 구역에 양치식물을 많이 심었고, 심지어는 온실에 별도로 동굴을 만들어 그 안에 심기도 했다. 발코니를 만들어서 거기에 서서 양치식물을 내려다보며 구경도 했다. 어쨌거나 온실의 환경이 양치식물이 자라는 자연 서식지와 최대한 유사하도록 애를 썼다. 지지대와 토대는 사람들 눈에 안 보이도록 식물과 돌 뒤로 교묘하게 숨겼다.

식물관은 전통적인 온실과 비슷하게 직사각형이 많았지만, 양치식물 책을 쓴 많은 저자들이 L자 형이나 다른 불규칙적 형태의 식물관을 권하였다. 그래야 전체가 한눈에 다 들어오지 않아서 관람객들의 재미가 커질 것이라고 말이다. 석판이 깔린 길이나 모자이크 돌로 장식한 길이 양치식물 사이로 구불구불 나 있고, 벽을 따라 박힌 다양한 모양의 바위틈에서 양치식물들이 자랐다. 식물관 한가운데는 조금 더 큰 돌 구조물이 자리하고 있었다. 돈이 많아 공을 더 들인 식물관에서는 그 구조물 모양이 아치형이나 폐허 비슷하기도 했다. 그 안에 동굴이나 알코브*를 만들었고, 작은 길이 땅속 깊이로 이어지거나 숨은 계단이 있어 발코니로 통했다.

완벽한 식물관이 되려면 물은 기본이었다. 폭이 좁은 곳에 작은 폭포를 만드는 것도 유행이었다. 그 물이 계속해서 흘러 여러 못으로 들어갔고 작은 시냇물이 되어 화단으로 흘러갔다. 물소리 역시 식물관 단골 메뉴였다. 폭포와 연못 말고도 여기저기 작은 샘을 만들어 물이 졸졸 흘렀다.

* 서양식 건축에서 벽의 한 부분에 쑥 들어가게 만들어 놓은 곳

나무고사리의 성긴 잎 아래로 양치식물관을 구불구불 가로지르는 길이 관람 재미를 더했다.

당연히 이 모든 물과 돌은 미학적인 계산에서 나온 것이지만, 다양한 종의 양치식물이 잘 자랄 수 있는 환경을 조성하였다. 이런 식으로 엄청난 양의 양치식물 수집품을 우아하게 과시할 수 있었기에, 식물관은 수집 열풍을 더욱 부채질했다. 이미 1840년~1850년에 대형 양치 식물관들이 외래종 나무고사리 속인 딕소니아Dicksonia를 선보이기 시작했다. 딕소니아만 따로 모아놓은 태튼 공원Tatton Park의 양치식물관에 가면 지금도 정말로 인상적인 딕소니아 한 그루를 만날 수 있다. 그 식물관은 조지프 팩스턴Joseph Paxton이 설계하였는데, 앞서 말했듯 그는 런던 수정궁을 설계한 사람이다. 1860년 무렵이 되자 가장 추위에 강한 나무고사리 종을 야외에서 키우는 실험을 시작하였다. 바로 딕소니아 안타르크티카Dicksonia antarctica였다. 원시 시대의 드넓은 양치식물 숲과 비슷한 아열대 정원을 만들어보자는 목적이었다.

> 졸졸졸 흐르는 물소리는 양치식물관의 분위기를 쾌적하게 만들어주었다.

1851년에 열린 런던 세계 박람회를 위해 런던에 지은 거대한 수정궁은 조지프 팩스턴이 설계를 맡았다. 그 후 대영제국 곳곳의 귀족저택과 농장에 그런 유리집이 유행처럼 번져나갔다.

양치식물 광풍은 양치 식물관과 정원으로 재력을 뽐내던 상류층에서 멈추지 않았다. 돈 많은 중산층에서도 양치식물은 대중적인 인기를 끌었다. 그사이 고딕에서 신고전주의neo-classicism에 이르기까지 온갖 양식의 워드 상자가 공급되었고, 중산층은 그 워드 상자를 활용했다. 상자 안에 나뭇가지, 돌, 이끼로 미니어처 숲을 만든 후 그곳에 양치식물을 심은 것이다. 심지어 까다로운 양치식물을 위해 상자 안에 난방시설을 하기도 했다.

위 : 태튼 공원의 양치식물관

아래 : 왕립식물원 큐가든의 온
대 식물실

꼬리고사리속Asplenium 의 양치식물은 물만 충분하면 척박한 암석정원에서도 잘 자란다. 영국의 암석정원에 가면 바위 틈이나 돌담에서 자라는 골고사리Asplenium scolopendrium를 자주 볼 수 있다.

골고사리
ASPLENIUM SCOLOPENDRIUM

암석 정원

암석정원은 빅토리아 시대의 발명품이고, 실로 온갖 사치를 부릴 수 있는 장소였다. 애당초 목적은 최대한 넓은 면적에다 이상적인 자연 풍광을 모방하자는 것이었다. 유행은 상류층에서 시작되었다. 암석정원이 워낙 돈이 많이 들었기 때문이다. 강렬한 인상을 남기는 거대한 정원을 만들기 위해서는 그에 맞는 면적이 필요했다. 주로 도심 바깥의 야외나 온실에다 만들었지만, 공장 매연 탓에 대기질이 나쁘다 보니 다수가 온실을 선호했다. 어차피 이 시대엔 온실이 대유행이었다. 물론 야외에 조성한 암석 정원과 양치식물 정원도 인기 만점이었다. 집에서 가깝고 안전한 곳이라면 다 적임지였고, 거기에 낮은 땅이라면 더할 나위가 없었다. 구불구불한 길 끝에 의자나 작은 정자를 두었고, 돌로 에워싼 시내가 정원을 가로 질러 흐르고 그 시내에 돌다리가 걸쳐 있어도 좋았다.

요정의 나라

그림 같이 아름다운 18세기의 정원은 생각에 잠기 거나 상상의 나래를 한껏 펼칠 수 있는 꿈의 장소 였다. 19세기에도 원예가들은 이런 전통을 이어나 가 양치식물 정원에 마법과 신비의 숨결을 불어넣 었다. 당시 사람들은 요정에 관심이 많았다. 요정을 나무, 식물, 물과 하나 된 자연의 존재라고 생각했 다. 그림, 연극, 음악, 춤은 물론이고 정원에도 요정 의 세상이 등장하였다.

그러므로 이끼 긴 돌, 연못, 작은 폭포로 꾸민 양치식물 정원은 바로 그 요정이 사는 현실의 왕국 이라는 느낌을 주었을 것이다. 사람들은 양치식물 과 요정이 특별한 사이라고 생각했으므로 요정이 양치식물 수집꾼을 지켜보고 있다고 상상했다. 착 한 요정은 흥미로운 신종이 있는 곳으로 안내해주 지만 나쁜 요정은 위험한 곳으로 유혹하거나 엉뚱 한 곳으로 데려간다고 말이다. 그러니 자고로 모두 와 잘 지내야 할 테지만, 요정하고도 잘 지내야 하 는 법이다.

사촌 사이인 엘시 라이트Elsie Wright와 프랜시스 그리피Frances Griffi 는 1910년에 영국 코팅리 근처에서 춤추는 요정 사진을 여러 장 찍 었다. 셜록 홈스의 작가 아서 코난 도일Arthur Conan Doyle이 그 사진 을 살펴본 후 진품이라는 판정을 내렸다. 그 후 그 사진은 요정의 존재를 입증하는 증거로 통했다. 하지만 나중에 가짜로 밝혀졌다.

인물 소개 – 프랜시스 조지 히스 Francis George Heath

프랜시스 조지 히스1843–1913는 영국의 작가이자 편집자였다. 그는 정원과 농업, 그리고 그 농업이 어떻게 하면 사회에 가장 이바 지할 수 있을지를 고민한 책을 여러 권 썼다. 하지만 사실은 야생 양치식물에 관한 연구로 더 유명한 인물이다. 그가 그린 환상적 인 양치식물 삽화는 그의 넘치는 양치식물 열정의 표현이었다. 히스는 야생 양치식물 수집에 힘을 썼다. 주변 사람들에게도 삽을 들고 가서 양치식물을 뿌리째 파서 가져오라고 자주 권했다. 양치식물 수집이 "일 년 내내 할 수 있는 매력적인 취미"라며 말이다. 1885년에 그는 《고사리를 찾을 수 있는 장소Where to find ferns》를 썼다. 책을 펴낸 곳이 "기독교 지식 진흥회The Society for Promoting Christian Knowledge"라는 사실만 보더라도 자연연구와 양치식물 연구, 더불어 당시의 양치식물 광풍에 미친 교회의 영향 력을 짐작할 수 있다. 히스는 양치식물 보급에 열심히 앞장을 섰고, 그로 인해 19세기 영국에서 토종 양치식물이 거의 멸종 수준 에 이르게 된 데에도 손을 보탠 셈이다. 그는 같은 해에 토종 양치식물 초상화 15점을 출간했다. 이 아름다운 그림들은 실물 크기 의 양치식물 잎을 사실적으로 그렸고, 종마다 상세한 설명을 곁들였다.

풀하마이트Pulhamite와 인공 암석정원

정원 난쟁이

정원 장식용 난쟁이 인형마저도 양치식물 정원과 인연이 있다. 1840년 찰스 아이샴Charles Isham은 영국 노샘프튼에 있는 자기 영지 램포트 홀Lamport Hall에 정원 장식용 난쟁이 인형을 들여왔다. 암석정원을 만들고 나서 독일의 난쟁이 인형을 한 무더기 가져와 여기저기에 비치한 것이다. 램포트에 마지막 남은 인형은 "램피 Lampy"라는 애칭을 얻었고 현재 1백만 파운드의 보험에 들어 있다.

1860년부터는 제임스 풀햄 앤 선James Pulham & Son이라는 이름의 회사가 암석정원 시설 분야에서 두각을 드러냈다. 1871년의 판매품목 목록만 보아도 알 수 있듯 이 회사는 폭포, 동굴, 석조주택 등 정원설비의 모든 작업을 도맡았다. 특히 최대한 그 지역의 암석을 사용한다는 사실에 자부심이 대단했다. 하지만 자연석은 가격이 너무 비싸거나 무거워서 사용하기 힘들 때가 많았으므로, 어쩔 수 없이 인공석 제품을 개발하게 되었다. 벽돌이나 클링커 벽돌에 자체 제작한 시멘트 혼합물을 고루 발라 만든 인공암석으로, 제품명이 "풀하마이트"였고 색깔을 칠하면 영락없이 진짜 돌처럼 보였다.

이 인공암석을 솜씨 좋게 쌓아 올리면 오래되어 침식된 평평바위처럼 보였다. 진짜 바위처럼 작은 구멍이 송송 나 있고 툭 튀어나온 부분도 있으며 돌들이 서로 어긋나 있기도 했다. 보기에도 나쁘지 않았고 배수도 잘되었으며 작은 틈새에 흙을 채워 식물을 심을 수도 있었다. 어떻게 하건 자연과 비슷하기만 하면 되었으니 말이다.

이 풀햄 사의 특허품 풀하마이트 이외에도 시중에는 온갖 인공석 제품들이 넘쳐났다. 제품 종류는 양치식물 광풍과 더불어 더욱 늘어났지만, 품질은 천차만별이었다. 곧 원예 애호가들 사이에서 비판의 목소리가 커졌다. 이 "가짜 자재" 탓에 정원이 완전히 망가졌다고 말이다. 대표적인 비판가 중 한 사람이 풀하마이트로 만든 시설 중에서 가장 아름답고 인상적인 곳은 웨일즈의 듀스토 가든스Dewstow Gardens에 있는 대형 양치식물관이다. 그곳에는 돌로 에워싼 연못과 터널, 커다란 지하 동굴이 있는데 전부 풀하마이트로 만들었다.

셜리 히버드Shirley Hibberd였다. 그는 싸구려 취향들이 인공 돌로 정원을 엉망진창으로 만들고 있다고 비난했다.

참견하기 좋아하는 사람들이 나서 작은 규모의 정원에는 암석정원을 만들면 안 된다고 입방아를 찧어댔다. 땅이 없어 작은 정원밖에 만들 수 없는 처지라면 어차피 자연석은 못 쓸 테니 아예 암석정원은 꿈도 꾸지 말라고 말이다. 작가 메이W. J. May는 아주 대놓고 인공석 암석정원을 비난했다. "품위 있는 정원에 벽돌 쓰레기로 만든 추악한 큰 평평돌이라니, 있을 수 없는 일이다. 그랬다가는 아름다운 장소가 벽돌 소굴로 전락하고 말 것이다. 돌은 아주 가끔만 쓸것이며, 설사 쓴다 해도 쓰레기장으로만 써야 한다. 작은 정원에 큰 평평돌은절대 어울리지 않으니 결단코 허용해서는 안 될 일이다."

그루터기 정원

영국의 많은 양치식물관에는 또 다른 형태의 정원이 있어서 딕소니아 안타르크티카Dicksonia antarctica가 자라는 아열대 식물원과 비슷하게 원시시대의 분위기를 한껏 뿜어내었다. 이름하여 "그루터기 정원stumpery"*이다. 암석정원에는 해를 좋아하고 가뭄도 잘 견디는 양치식물을 심었다면 그루터기 정원은 그늘과 습기를 좋아하는 양치식물의 장소였다. 물론 경제적인 여유가 있으면 암석정원, 그루터기 정원, 양치식물관을 다 거느리고서 심을 수 있는 온갖 종의 양치식물을 마음껏 심었다.

그루터기 정원은 죽은 나무 그루터기를 뿌리가 하늘을 보도록 거꾸로 세웠다. 뿌리 틈새는 나뭇가지와 잔가지로 장식을 했다. 여기에 일단 양치식물을 심고, 헬레보루스Helleborus와 비비추 같은 적당한 그늘 식물을 추가했다. 주변과 잘 어울리는 작은 나무집도 빼놓지 않았다. 나무집 지붕에 이끼가 얹혀 있으면 더 자연 같은 느낌을 풍겼다.

셜리 히버드는 농담 삼아 그루터기 정원은 양치 재배에 금방 싫증을 느낄 사람들에게 딱 어울리는 식물관이라고 말했다. 싫증이 나도 나무를 패서 땔감으로 쓰면 비용은 건질 수 있으니 말이다.

* 영어 "stump"는 나무 그루터기를 뜻한다.

영국에서 가장 오래되고, 가장 보존이 잘 된 그루터기 정원 중 한 곳이 스태퍼드셔 주의 비덜프 그랜지 가든 Biddulph Grange Garden에 있다.

인물 소개 [셜리 히버드]

셜리 히버드Shirley Hibberd, 1825-1890는 영국의 정원 관련 저서 작가이자 정원 잡지 출판사 3곳의 편집자였다. 그중 주간지인 〈아마추어 가드닝Amateur Gardening〉은 19세기 정원 잡지 중에서 유일하게 지금까지도 발간되고 있다. 그는 화단 제작에서부터 과실수 자르기와 접붙이기에 이르기까지 원예와 관련된 온갖 내용의 글을 발표하여 전문적인 원예사들만 알던 지식을 널리 전파하였다. 덕분에 원예에 관한 관심의 증가에 크게 이바지하였다.

히버드는 지칠 줄 모르는 원예 스승이었다. 정원의 크기가 어떻든 모든 이에게 원예 지식을 알려주고자 하였다. 그러느라 왕립 원예협회와 갈등을 겪기도 했는데, 그가 일반인도, 하층민도 그 협회에 들어갈 수 있어야 한다고 주장했기 때문이다. 히버드는 모두에게 자연과 정원을 접할 기회를 주고자 국립 공원과 정원도 많이 만들었다. 그의 책과 글은 중산층과 노동자 계급에게 아주 작더라도 집 뒤편에 정원을 마련해보라고 격려하였다. 이 시대 영국의 원예 애호가들 대부분이 그렇듯 그 역시 양치식물에 열정을 불태웠다. 따라서 원예 열정을 만인에게 전하려는 그의 노력은 양치식물로도 뻗어 나갔고, 이는 다시금 양치식물이 전 사회로 널리 퍼져나가는 데 크게 이바지하였다. 히버드는 워드 상자의 애호가이기도 해서, 양치식물을 집에서도 키울 때 그 상자가 어떤 장점이 있는지를 열심히 알리고자 하였다.

나아가 그는 생태주의적이고 지속 가능한 재배와 생활방식의 선구자이기도 했다. 인간은 자연과 조화를 이루며 살아야 한다고 믿었기에 그는 화력발전소와 산업 혁명의 발전을 걱정의 눈으로 지켜보았다. 또 그는 동물권의 선구적인 투사였고 꿀벌이 가루받이와 작황에 엄청나게 중요한 존재라는 사실도 일찍부터 깨달았다. 양봉에 관한 그의 글에는 분봉의 위험을 줄이고 꿀 생산을 늘리는 새로운 형태의 벌통에 대해 많은 조언이 담겨 있다. 지금까지도 효과가 있는 생각과 아이디어들이다. 그는 또 채식과 물의 재활용을 옹호하였다.

안타깝게도 그가 만든 정원 중 남은 곳은 몇 군데뿐이다. 하지만 1865년에 만든 런던의 작은 공원 이즐링턴 그린Islington Green은 지금도 찾아가 볼 수 있다. 그의 책을 구하기는 힘들지만, 케임브리지 라이브러리 컬렉션Cambridge Library Collection으로 몇 권이 재발행되었고 나머지도 "Open Archive"와 "Projekt Gutenberg"에 들어가면 볼 수 있다.

책상에 유리 집을 올려놓고 그 안에 양치식물 몇 그루를 키웠다.

양치식물 – 여성의 절친

1736년에 카를 폰 린네Carl von Linné가 식물 왕국을 분류한 《자연의 체계 Systema Naturae》를 발간하였다. 식물학의 세상을 대혼란에 빠트린 일대 사건이었다. 린네는 모든 생명체에게 통하는 자연의 질서가 있고, 인간이 그 질서를 제대로 이해한다면 신의 질서도 이해하게 될 것이라 굳게 믿었다. 린네도 신앙심이 깊은 사람이었지만, 그의 분류법은 거센 반발에 부딪혔다. 비판의 목소리가 드높았다. 그의 학설이 신의 교리와 화합하지 못하며, 심지어 신성모독이라는 비판이었다.

이런 격론의 원인은 섹스였다. 린네의 분류법은 거의가 생식기관의 숫자와 배열만을 토대로 삼았다. 따라서 현장에서 식물을 관찰하는 식물학자들은 종을 구분하자면 어쩔 수 없이 식물의 "보다 은밀한" 부위에 확대경을 들이댈 수밖에 없었다. 그걸로도 부족했던지, 린네 분류법에서는 식물군 다수가 여러 개의 수컷 성기를 가지고 있거나 여성과 남성 성기를 동시에 갖고 있었다. 무슨 말도 안 되는 소리란 말인가! 나아가 린네는 식물과 그것의 번식을 설명하면서 자주 인간의 성행위를 끌어다 비교하였다. 교회는 물론이고 엘리트 지식인들도 그 점에 크게 반발하였다. 섬세한 여성의 귀에까지 그런 식의 발언이 들어가서는 안 될 일이었다.

왼쪽 : 양치식물 채집Gathering Ferns, H. 패터슨, 〈더 일러스트레이티드 런던 뉴스The Illustrated London News〉, 1871년

오른쪽 : 양치식물 채집Fern collecting, 출처 〈양치 채집가들 The Fern-Gatherers〉, 1880년

야외에서 양치식물을 찾
아다녔던 남녀의 목표
는 식물만이 아니었다.
양치식물 수집은 집에서
와 달리 남녀가 자유롭
게 만날 기회를 선사하
였다.

양치식물은 벨벳과 추시계 사이,
집안의 제일 어두운 구석에서도 잘
자란다. 그래서 실내 관상용 식물
로 그저 그만이다.

하지만 린네의 분류법은 빠르게 퍼져나갔고 19세기 초가 되자 이미 전 세
계 과학 학계가 그의 분류법을 종 구분에 사용하였다. 식물학에 관심이 많았
던 당시 여성들에게는 문제가 아닐 수 없었다. 특히 내숭 구단의 빅토리아 사회
에서는 더욱 그랬다. 여성의 살이 조금만 밖으로 드러나도 상스럽다고 생각하
던 사회에서 여성이 린네의 분류법에 맞추어 식물을 연구한다는 것은 상상도
할 수 없는 일이었다. 거의 포르노에 가까운 일이었기에 아예 불가능하다고 생
각했다. 그런 분위기가 얼마나 과했는지는, 19세기 초반에 엄청 인기를 끌었던
난초식물원에 여성은 아예 발도 들여놓지 못했다는 사실에서도 잘 알 수 있다.
난초는 생식기관이 밖으로 드러나 있는 데다, 연약하고 예민한 여성의 감각이
감당하기에는 향기가 너무 짙다는 이유였다.

그랬기에, 양치식물은 식물을 사랑하는 많은 여성에게 구원이나 다름없었다. 린네가 식물 분류법을 연구할 때 눈에 보이는 생식기관이 없어도 번식을 확인할 수 없는 특정 속을 발견했다. 그는 그 속을 민꽃식물Cryptogam 군으로 통합시켰는데, 균류, 선태류, 해조류, 지의류, 그리고 양치식물이 이에 해당한다. 덕분에 양치식물은 여성에게도 안전한 연구 대상이었다. 눈에 보이는 생식기관이 없고 홀씨로 번식을 하니 말이다. 감탄스러울 정도로 애정행각을 잘 숨길 줄 아는 식물이라니, 아버지도, 남편도 접근을 막을 이유가 없었다. 따라서 양치식물의 수집과 연구와 재배는 여성에게 잘 어울리는 활동이 되었다.

그때까지만 해도 식물 연구는 거의 남성의 영역이었지만, 여성들도 느리지만 확실하게 식물학의 세계로 발을 들여놓기 시작했다. 양치식물 광풍은 "여성의, 여성을 위한" 수많은 책을 낳았고, 그 책들은 자연에서 흥미로운 양치식물 종을 채집하여 집에서 잘 가꾸는 방법을 알려주었다. 그리하여 평온한 집 안에서만 기거하는 여성들도 양치식물과 만나게 되었다. 화분으로 집안을 꾸미는 일도 전통적인 가사 활동에 포함되었기 때문이다. 양치식물은 작은 화분에 심거나 꽃다발로 만들어도 좋았기에, 이내 여성들이 좋아하는 식물 넘버원으로 떠올랐다.

동시에 유리 온실conservatory이라 부르는 겨울 정원이 인기를 누렸다. 귀족 가정에서는 가장이 사랑하는 아내를 위해 양치식물을 심은 이 유리 온실을 선물하는 일이 유행이었다. 힘든 노동은 고용한 정원사가 처리할 테지만, 아내들이 그곳에 들어가서 가볍게 몸을 움직일 수 있었다. 일반 가정에서도 양치식물을 화분에 심어 창턱에 올려두었고, 그러면 풍성한 양치식물의 잎이 음울한 도시 풍경을 가려주었다. 심고 가꾸는 방법은 쏟아져나온 수많은 잡지에서 배울 수 있었다.

희귀종 양치식물 표본실이 여성의 작품인 경우도 많았다. 이 말린 표본들은 1870년 무렵에 다즐링에서 미세스 피비 제프리즈Mrs. Phoebe Jaffreys가 채집한 양치식물들이다.

실내 정원

빅토리아 시대 사람들은 온갖 꽃과 식물로 집안을 장식하였다. 물론 형편 따라 창턱에 화분을 주르르 올려놓는 수준에서 실내 전체를 어마어마한 양의 꽃으로 가득 채우는 수준까지, 집마다 모양은 각양각색이었다. 인기 있는 양치식물은 대부분 워드 상자에 심었다. 워드 상자는 크기도 다양했기에 큰 집에서는 큰 상자, 작은 집에서는 소박한 크기의 상자를 이용했다. 양식도 다양해서, 각 가정의 실내장식에 어울리는 분위기의 상자를 구할 수 있었다. 상자 안에 나뭇가지, 돌, 이끼로 미니어처 풍경을 만들고, 그곳에 양치식물을 심었다. 일부 까다로운 식물을 위해서는 난방도 할 수 있었다. 관리는 집안 여성의 몫이었다. 화분 테이블, 철이나 놋쇠로 만든 대형 화분, 식물로 꾸민 신고전주의 양식의 우아한 분수대가 특히 인기를 누렸다. 물통 주변으로 양치식물을 심은 후 그것을 집안 한가운데나 창가에 두었다. 원예 책과 잡지들이 이런 분수대와 화분 테이블, 여러 소형 가구와 온갖 각종 소품의 제작법을 알려주었다. 큰 단지에 온갖 식물을 서로 잘 어울리게 심어 멋지게 배치하면 진짜 정원을 거니는 느낌이 들었다.

고급 호텔, 극장, 공연장, 미술관 같은 공공시설도 이런 추세를 따랐고, 아예 행사를 그런 정원에서 열기도 했다. 아름답고 풍성한 양치식물 정원은 시설 소유자의 명성과 지위를 드높였다. 이런 공공 실내 정원을 제작하고 관리하기 위해 전문적인 원예사를 별도로 고용하기도 했다. 발레 공연이나 대형 행사 때는 식물 인심이 더 후해져서, 공연장 가득 양치식물이 꽉꽉 들어찼다.

상류층의 실내 정원은 호화롭고 사치스러웠다. 런던 노동자계급들도 어두침침한 집안에 양치식물을 들였다. 양치식물은 빛이 많이 필요치 않기에, 어두운 집안에선 참으로 고마운 식물이었다. 식물이 산업 노동자와 그 가족의 건강에 유익하다는 새로운 인식이 생겨났고, 간단한 방법으로 작은 실내 정원을 꾸밀 방법과 지식이 널리 퍼져나갔다. 대부분 소박한 화분에 심어 창턱이나 작은 화분 테이블에 올려두었지만, 일부 창의적인 사람들은 궤짝이나 트렁크, 나무상자를 이용해 특이하고 예쁜 식물 그릇을 만들었다. 그 시대의 업사이클링인 셈이었다.

왼쪽 : 작은 유리 상자에다 양치식물을 키우는 일은 젊은 여인들의 몫이었다. 보우 벨스Bow Bells의 삽화. 1871년.
오른쪽 : 래드클리프 앤드 코 사Radclyffe & Co.의 광고

식물원의 양치식물

양치식물의 인기와 양치식물 광풍에는 식물원의 공도 적지 않았다. 양치식물 수집량이 가장 많은 식물원은 런던 왕립식물원 큐가든으로, 큐레이터 존 스미스John Smith 덕분이었다. 1841년 그가 이 식물원에 큐레이터로 부임할 당시에 그곳의 외래종 양치식물은 40종에 불과했다. 그러던 것이 1864년 그가 자리를 떠나던 해에는 1천 종이 넘었다. 큐가든은 존 스미스가 떠난 후에도 양치식물 수집을 멈추지 않아서 1887년이 되자 수집한 양치 종이 무려 5천 종에 달했다.

식물원들은 양치식물 수집으로 그치지 않고 개량을 통해 환상적인 인공종을 만들어냈다. 벨파스트 식물원의 열대 온실인 트로피컬 라빈 하우스Tropical Ravine House는 그 당시 가장 예술적인 최고의 양치식물원으로 손꼽혔다. 언덕에 오르면 낮은 땅의 바위 계곡에 심어놓은 풍성한 외래종 양치식물 숲을 내려다볼 수 있었다. 이런 독창적인 식물 관리 방식에 자극을 받은 귀족들이 자기 저택에도 그런 식의 양치식물관을 따라지었다.

그러나 이들 식물원의 가치는 무엇보다도 일반인에게 원예의 세상을 알렸다는 데 있다. 당시의 식물원들은 소수 특권층뿐 아니라 일반 사람들에게도 휴식을 취하고 교양을 쌓을 수 있는 환경을 제공하려 애썼다. 그리고 대부분의 식물원에는 양치식물관이 있었으므로, 양치식물에 대한 일반의 관심을 드높이는 데에도 이바지하였다.

이제는 나라 곳곳의 온천지와 관광지에서도 양치식물관을 짓기 시작했다. 1870년에서 1914년까지 영국에만 200곳이 넘는 양치식물관이 새로 문을 열었다. 동양의 건축과 실내장식을 따오기도 했고, 외래종 양치식물과 다른 희귀종으로 그 안을 가득 채웠다. 어떤 곳은 야자나무까지 들어왔다. 관람객들이 최대한 일상을 멀리 떠나온 느낌이 들도록, 식물원들은 노력을 아끼지 않았다.

양치식물 광풍은 정신의학의 세계로까지 퍼져나갔다. 나다니엘 워드는 직업이 의사였으므로 병원 복도에 양치식물을 두면 환자의 심신 안정과 회복을 돕는다고 생각했다. 영국의 유서 깊은 정신병원인 왕립 베들렘 병원Bethlem Royal Hospital에서는 식물 상자에 작은 양치식물 정원을 만들어 병실의 창틀에 비치하였다. 환자의 건강에도 도움이 되는 것 같았고, 또 도주를 예방하는 효과도 있었다.

왼쪽 : 큐가든의 열대식물관
위 : 웨스트 딘 가든의 양치식물관

왼쪽 위 : 애스콧 홀
오른쪽 : 비덜프 그랜지 가든

마지막 시기

19세기에 접어들자 영국의 양치식물 광풍이 한풀 꺾였다. 하지만 양치식물에 대한 애정과 판매는 여전히 호황을 누렸다. 많이 줄기는 했으나 광적인 수집 행각, 심지어 범죄도 여전하였다. 1904년에는 데본의 한 저택 정원에서 희귀종 양치식물을 훔친 혐의로 세 사람이 징역형을 선고받았다.

대형 식물 판매상은 많이들 문을 닫았지만, 여전히 신품종 개발을 멈추지 않는 곳도 있어서 양치식물에 대한 일반의 관심은 식지 않았다. 관련 서적이 계속해서 쏟아져나왔고, 사람들은 평생 양치식물 사랑을 버리지 않을 것처럼 열심히 잡지를 뒤져 정보를 얻어냈다. 20세기 초에 인기가 높아지던 일본식 정

원에 양치식물이 무척 잘 어울린다는 사실
도 한몫했다. 암석정원 유행도 1920년대까
지 이어졌다. 하지만 이제 사람들의 관심은
서서히 고산 식물원Alpine garden* 쪽으로 옮
겨갔다. 물론 그곳에서도 양치식물은 보조
역할을 했다.

1차 대전이 터지자 양치식물 광풍도 결
국 막을 내렸다. 원예사들이 징집당해 전쟁
터로 끌려갔고 외래종 양치식물을 키울 큰
유리 온실은 구식인 데다 비용이 너무 많이
들어 유지하기 힘들어졌다. 대부분의 양치
식물관이 문을 닫았고, 양치식물 관련 원예
지식도 망각의 늪으로 빠져들었다. 1950년
대가 되면서 시골 생활에 관한 관심이 부활
하자 식물원에 다시 양치식물이 등장했다.
그리고 1990년대에 또 한 번 양치식물의 인
기가 치솟으면서 빅토리아식 양치식물관이
많이 복원되었다. 애스콕 홀, 듀스토 식물
원, 벤모어 식물원이 대표 주자들이다. 혹
시라도 영국에 갈 일이 있거든 한 번쯤 들
러볼 만한 멋진 식물원들이다.

* 고산 식물을 수집하고 재배하는 식물원

애스콕 홀

양치식물 광풍은 그쳤지만, 양치식물은
여전히 공예품과 실내장식에서 인기 높
은 문양이다. 다시 한번 예전의 인기를
되찾을 수 있을까?

양치식물 바람이 조금 약하게 불었던 나라

영국에서 양치식물이 이렇듯 많은 사랑을 받았다니 자연스럽게 이런 의문이 든다. 혹시 주변 나라로도 그 광풍이 "전염"되지 않았을까? 외래종 양치식물에 대한 관심은 확실히 국경을 뛰어넘었다. 온실이 점점 현대화되면서 유행도 속도를 높였다. 주변 국가들에서도 외래종 식물의 최대 수집가는 식물원으로, 19세기가 되자 많은 식물원이 양치식물을 비롯한 열대 식물용 온실을 별도로 설치하였다.

스웨덴과 독일의 원예종묘사들 다수가 판매품목에 양치식물 칸을 따로 두었다. 1896년 스웨덴의 대형 식물판매상 중 하나인 "알나르프의 정원Alnarps trädgårdar"는 72종의 양치식물을 판매목록에 올렸다. 물론 영국 원예종묘사에 비하면 새 발의 피겠지만, 그래도 적지 않은 숫자였다. 스웨덴 잡지에는 스웨덴과 외국 원예종묘사에서 주문할 수 있는 양치식물 광고가 연일 실렸다. 같은 해 독일에서는 더 많은 종의 양치식물을 구할 수 있었다. 에르푸르트의 대형 원예종묘사 중 하나인 하게 & 슈미트Haage & Schmidt의 카탈로그에는 93종 및 품종의 양치식물 종자가 올라와 있었다. 물론 그중 2/3는 온실에서만 키울 수 있는 종이었다. 야외에 심을 수 있는 종은 31종밖에 없었다. 또 11종의 나무고사리 종자도 포함되어 있었고, 종자와 함께 -씨앗을 발아시키는 수고를 원치 않는 고객을 위해- 어린 식물 단계의 양치 109종도 들어 있었다. 하지만 나무고사리는 실외에 심을 수 있는 종은 하나도 없어서, 모두가 온실이나 실내에서만 키울 수 있었다.

1910년 무렵부터는 스웨덴에서도 양치식물 판매가 크게 줄어 "알나르프의 정원"의 카탈로그에도 단 4종만 남아 있었지만, 독일의 하게 & 슈미트는 오히려 판매 품종을 약간 늘렸다. 회사 창업자 중 한 사람인 요한 니콜라우스 하레Johann Nicolaus Haare는 회사를 차리기 전에 몇 년 동안 영국에서 일을 했다.

"후믈레가든의 거인 고사리. 키가 6미터는 될 법한 양치식물종 시아데아 메둘라리스는 화요일에 후믈레가든의 린네 동상 앞 반원형 잔디밭에 심은 백여 그루의 당당한 활엽수 중에서도 단연 두드러진다. 수도 스톡홀름에 심은 나무 중에서 지금껏 저런 식물은 한 번도 본 적이 없었기에 큰 관심을 불러일으킨다."

- 스웨덴 일간지 〈다겐스 뉘헤테르Dagens Nyheter〉의 1893년 6월 29일 자 기사.

따라서 그가 독일로 돌아올 때 가슴에 양치식물 열정을 담아온 것으로 생각된다. 더구나 이 회사는 식물과 종자를 외국으로도 수출하였으므로 당연히 판매 시장이 스웨덴 회사보다 더 넓었을 것이다.

이처럼 양치식물은 대형 원예종묘사의 카탈로그에서도 빠지지 않는 고정 멤버였지만, 독일에서 양치식물이 귀한 대접을 받기까지는 아직 시간이 더 필요했다.

1907년 원예사 카를 피르스터Karl Förster가 베를린에서 운영한 다년생 식물 원예 회사의 카탈로그에는 야외에서 키우는 양치식물 품종이 겨우 2종에 불과했다. 그러던 것이 1927년이 되자 17종으로 늘었고, 1938년에는 2차 대전이 터지기 직전까지만 해도 무려 54종이나 되었다. 카탈로그에 실린 양치식물의 소개 문구는 이랬다.

"지상 식물 중에서 가장 기품이 넘치면서도 강인하고 오래 사는 이 양치식물이 숲처럼 상큼하고 원시적인 마법을 당신의 정원으로 불러올 겁니다. 반그늘 다년생 식물들 틈에 심어도 효과가 그저 그만이어서 기운이 없고 맥이 빠질 때 양치식물이 불끈 힘을 선사할 것입니다." 카를 피르스터는 양

치식물은 물론이고 화본과 식물*이 독일 정원으로 진입할 수 있게 길을 터준 일등공신이다.

물론 정원과 식물에 대한 스웨덴과 독일 사람들의 관심은 영국 사람들의 열정을 따라가지 못했다. 특히 외래종 양치식물의 재배는 추운 기후 조건 탓에 영국보다 확실히 더 힘들었을 것이다.

하지만 독일과 스웨덴에서도 실내 관상용 식물로는 양치식물의 입지가 단단했다. 외래종 관상식물의 유행은 1950년대 경제성장과 더불어 시작되었고 1970년대에 이르러 꼭대기를 찍었다. 그사이 다시 마크라메**의 인기가 되돌아왔고, 또 이 시대에는 꽃다발에도 양치식물 잎을 섞었으므로 꽃 도매상들도 다양한 양치식물을 갖춰 두었다. 지금 우리가 시중에서 살 수 있는 품종은 대체로 당시에도 구매할 수 있었다. 다행히 최근 들어 양치식물에 관한 관심이 되살아나고 있어 판매 품종도 조금씩 늘고 있다. 양치식물 애호가들에겐 더없이 좋은 소식이 아닐 수 없다.

* 식물 분류학에 따라 볏과에 속하는 식물로, 종류가 약 4,000여 종에 이르며, 벼, 보리, 옥수수, 사탕수수 같은 곡류가 많다. 생활력이 강하고 땅속줄기로 잘 번식한다.
** 13세기 서아프리카에서 시작된 서양식 매듭 공예

왼쪽 : 은고사리Cyathea dealbata, 큐가든
오른쪽 : 1908~1909년까지 판매한 양치식물 품종. "알나르프의 정원" 사의 카탈로그에서 발췌하였다.

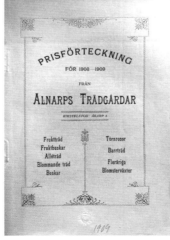

아스플레니움 세테라치
Asplenium ceterach

청나래고사리
Matteuccia struthiopteris

폴리스티쿰 론키티스
Polystichum lonchitis

서양개고사리
Athyrium filix-femina

북바위고사리

CRYPTOGRAMMA CRISPA

빛
반그늘

물
고인 물은 안 된다

땅
통기성이 좋고 돌이 많으며 pH가가 낮은 흙

유럽에서 북바위고사리는 특히 알프스에 많다. 독일에
서는 보호종이다. 키가 작고 잎이 곱슬곱슬해서 다른
양치식물과 헷갈리지 않는다. 학명의 크리스파crispa는
곱슬곱슬하다는 뜻으로 영양잎의 모양 때문에 붙은 이
름이다.

그림과
디쟈인
속

양치식물

매혹적인 만큼이나 강렬함을 뽐내는 자태 양치식물

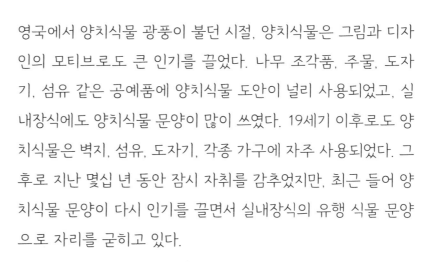

영국에서 양치식물 광풍이 불던 시절, 양치식물은 그림과 디자인의 모티브로도 큰 인기를 끌었다. 나무 조각품, 주물, 도자기, 섬유 같은 공예품에 양치식물 도안이 널리 사용되었고, 실내장식에도 양치식물 문양이 많이 쓰였다. 19세기 이후로도 양치식물은 벽지, 섬유, 도자기, 각종 가구에 자주 사용되었다. 그후로 지난 몇십 년 동안 잠시 자취를 감추었지만, 최근 들어 양치식물 문양이 다시 인기를 끌면서 실내장식의 유행 식물 문양으로 자리를 굳히고 있다.

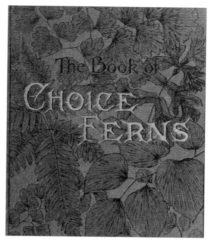

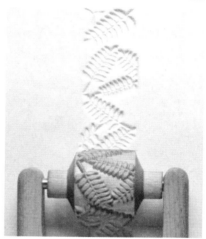

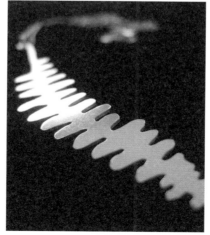

그림에 담긴 양치식물

19세기와 20세기 초의 회화는 자연 일색이었다. 폭포, 벼랑, 아득한 산 정상에서 내려다본 풍경처럼 극적인 장면도 많았다. 마디 굵은 나무와 이끼로 덮인 오래된 숲도 인기 높은 소재였다. 야성적인 것, 원초적인 것을 붙잡으려 했고, 몸과 마음이 건강해지려면 자연을 가까이해야 한다고 믿었다. 그림은 정취가 넘쳤고 자연에 관한 관심과 애정을 표현하였다. 화가들이 이동식 화구상자와 이젤을 들고 자연으로 나가 여름밤이나 이른 아침의 빛을 화폭에 담던 시대였다. 영국에서는 이런 분위기가 양치식물 광풍과 맞아떨어졌다. 양치식물을 채집하고 키우는 수준을 넘어서서 찻잔과 수프 그릇에 양치식물을 새겼고 천과 벽지, 장식품에 양치식물 문양을 찍었으며 정원 가구와 집 앞면을 양치식물로 장식했다. 더구나 세기말에 자연 문양을 사랑한 아르누보*가 유행하면서 양치식물의 장식적인 형태 역시 최고의 인기를 누렸다.

* 19세기 말에서 20세기 초에 걸쳐서 유럽 및 미국에서 유행한 장식 양식

위 : 빅토리아 시대의 장식품
오른쪽 : 스코틀랜드 모이클린에서 나온 양치식물 문양의 상자(위), 리지웨이의 도자기(가운데), 양치식물 잎 날염(아래), 무쇠로 만든 정원 의자(맨아래)

소재– 종이에서 도자기를 거쳐 무쇠까지

특히 철이 인기 높은 소재였다. 가령 콜브룩데일 아이언 컴퍼니Coalbrookdale Iron Company는 정원용 가구를 제작했는데, 유명한 무쇠 벤치 의자 "고사리와 블랙베리Ferns and Blackberry"도 그중 하나이다. 얼마 전 경매회사 크리스티에서 그 벤치 한 개가 약 4,500유로에 팔렸다.

그 정원용 벤치는 1851년 제1회 런던 세계박람회를 위해 제작하였고, 그 유명한 수정궁에서 전시하였다. 그 후로 유럽 전체의 온갖 다른 무쇠 회사들이 그 모델을 본따 벤치를 만들었다. 레나트 베르나도테Lennart Bernadotte, 1909-2004 백작이 이 의자를 특히 좋아해서 보덴호의 마이나우 섬에 있는 자신의 성 정원에 놓아두려고 가구회사 뷔아룸Byarum에 엄청난 숫자의 의자를 주문하였다.

양치식물 문양은 다른 공예품에도 많이 쓰였다. 양탄자, 커튼, 식탁보, 레이스는 물론이고 가구 커버에도, 가벼운 옷감에도 고사리 문양이 찍혔다. 하지만 뭐니 뭐니 해도 세라믹과 도자기 제품에 가장 널리 쓰였다. 거의 모든 제조사가 고사리 문양 그릇을 선보였다. 시장에는 고사리 문양의 도기와 자기, 고사리를 그리거나 새긴 테라코타 화분이 넘쳐났다. 리지웨이 포터리Ridgway Pottery 사는 동시에 여러 벌의 고사리 문양 그릇 세트를 제작하였다. 가장 인기가 높았던 것 중 하나는 1881년에 나온 미니어처 식기로 제품명이 "그린 메이든 헤어 펀Green Maiden Hair Fern"이었다. 유리 제조사들도 질세라 유행을 좇았고, 이내 양치 문양을 새긴 물잔과 유리병, 화병이 빅토리아식 식탁들을 장식하였다.

여성들은 고사리 잎 모양의 장신구를 착용하였다. 금이나 은, 법랑으로 만든 고사리 귀걸이, 목걸이, 메달, 브로치가 유행하였고, 유리 캡슐에 작은 고사리 잎을 넣어 만든 펜던트도 인기였다. 상류층 여성들은 고사리 잎을 눌러 앨범을 만들었다. 그냥 너무 예뻤기 때문이다. 또 취미 삼아 고사리잎으로 작은 공예품도 만들었다. 예쁜 고사리 잎을 종이에 붙이고 그 종이에 잉크를 얇게 바른다. 잉크가 마르면 잎을 떼어낸다. 그럼 예쁜 고사리잎 무늬가 남는다.

* 스웨덴계 독일인 조경가, 영화 제작자, 사진가

19세기에는 양치식물 문양이 온갖 일상용품을 뒤덮었다. 덩굴, 낱장의 잎은 물론이고 한 그루 전체가 유리잔과 접시, 찻잔과 그릇을 장식하였다. 식탁을 멋지게 차리고 싶은데 양치식물보다 더 아름다운 것이 어디 있겠는가? 그림의 왼쪽에 놓인 (스벤스크 텐Svenskt Tenn 사에서 출시한) 꽃병은 스웨덴 도예가 카리나 세스 앤더슨Carina Seth Andersson의 작품 "이슬Dagg"이며, 식탁보는 예텐 & 예텐Hjerten & Hjerten의 작품 "미역고사리"이다.

빅토리아 시대에는 집마다 양치식물 커튼이 걸려 있었고 양치식물이 그려진 벽지가 발려 있었다. 또 영국의 많은 옷감 회사들이 양치 문양의 직물을 생산하였다. 그중 GP & 베이커GP & Baker의 "펀스 Ferns"는 지금도 시중에서 판매하고 있다. 요즘 들어 다시 양치식물 문양의 옷감과 벽지가 인기를 끌고 있다.

왼쪽 : 스웨덴 유명 벽지 회사 보라스타페터Borástapeter의 벽지 "헤르바Herba"

위 왼쪽과 오른쪽 : 양치식물을 이용한 신년 카드, 19세기 말

가운데 : 월터 크래인Walter Crane의 《꽃의 환상Floral Fantasy – In an Old English Garden》에 실린 삽화

양치식물 문양의 유행은 영원히 시들지 않을 것 같다. 일정한
시간을 두고 제지와 침대 시트, 그릇, 손수건, 장신구 등에서
양치식물 문양이 등장한다. 특징만 뽑아 단순하게 그린 것도
있고, 낡은 교실 지도 느낌의 디자인도 있다.

위 왼쪽 : 스웨덴 올렌스 백화점의 서류철과 노트
오른쪽과 옆 페이지 : 스웨덴 철공예품점 스탈헤타Stålhetta의 촛대와 화분
아래 왼쪽 : 마이클 미샤우드Michel Michaud의 보석

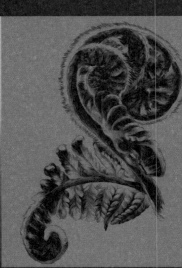

곱디고운 고사리 잎을 보고 있으면 장신구나 문신의 아이디어가 절로 떠오른다. 취향과 기호에 맞추어 아무리 작은 줄무늬도, 어떤 구조도 청동으로 빚거나 피부에 옮길 수 있다.

여름

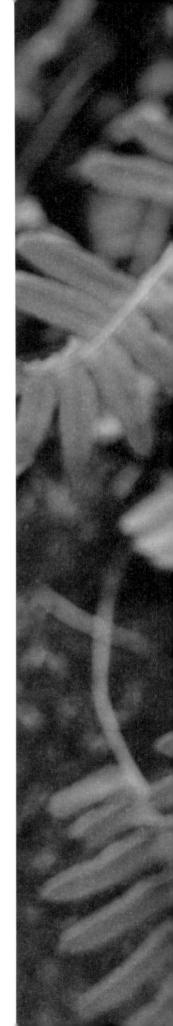

중부 유럽의 야생 양치식물

독일, 오스트리아, 스위스에서 발견되는 양치식물강Polypodiopsida에는 86종의 식물이 포함되며, 그것은 다시 17개의 과로 나뉜다.

양치식물강에는 속새과도 포함되지만, 지면의 한계로 이 녀석들은 제외하기로 한다. 숫자가 엄청나게 많아 보이지만, 사실 양치식물의 미래는 그리 밝지 않다. 넘치는 매력 탓에 인기가 높다 보니 양치식물은 지금도 불법 채취의 곤욕을 치르고 있다. 특히 숫자가 많지 않은 희귀 보호종일수록 타격이 크다. 기후변화로 환경이 변하고 자연 서식지가 줄어드는 것도 양치식물을 위협하는 심각한 문제이다. 널리 퍼져 있다고 생각했던 종들마저 점점 숫자가 줄고 있다.

그러니 양치식물을 아끼는 애호가라면 자기 지역에 사는 종을 확인하고, 생육 조건을 공부할 필요가 있다. 그래야 이 소중한 식물을 적극 퍼트리고 보호할 수 있을 테니 말이다. 양치식물은 관찰하기에 더없이 좋은 식물 후보이다. 정말로 다양한 곳에서 녀석을 만날 수 있기 때문이다. 아마 대부분의 종은 그늘지고 습한 숲과 계곡을 제일 좋아할 테지만 도시에 터를 잡고 돌담 틈새나 철로변의 자갈에 뿌리를 내리는 종들도 많다. 어쨌든 야생 양치식물은 당연히 보호해야 한다.

참고로 한국의 양치식물에 대해 알고 싶다면

한국식물 도해도감 2 : 양치식물
산림청 (엮은이) | 진한엠앤비(진한M&B) | 2015년 2월

한국의 양치식물 - 제2판
이창숙, 이강협 (지은이) | 지오북 | 2018년 9월

꽃보다 아름다운 고사리의 세계
김정근, 방한숙, 김영란 (지은이) | 플래닛미디어 | 2007년 3월

미역 고사리
POLYPODIUM VULGARE

빛
양지에서 반음지

물
축축한 흙

토양
통기성이 좋은 땅

이 녀석은 상록식물이므로 일 년 내내 정원을 아름답게 장식한다. 추위를 잘 견디는 몇 안 되는 양치식물 중 하나이어서 야외에 심어도 괜찮다. 통기성 좋은 배양토에 심어 성장기에 수분만 충분히 공급하면 큰 문제 없이 잘 자란다. 암석정원에 심어도 좋고, 반그늘의 지면을 덮는 지피식물로 심어도 좋다. 또 미역 고사리는 유용식물로도 널리 쓴다. 자세한 내용은 49쪽에서 더 설명할 것이다.

정원에 사는 양치식물

우리가 정원에서, 집에서 키울 수 있는 양치식물로는 어떤 것들이 있을까? 토종도 있고 외래종도 있 겠지만, 아마 생각보다 많은 종이 있어서 깜짝 놀랄 것이다. 심지어 어떤 종은 엄청난 숫자의 품종을 자랑하므로, 여기서는 몇 가지 대표적인 친구들만 골라 소개하였다.

　자, 이제부터 우리가 만날 수 있는 양치식물들을 살펴보기로 하자. 각 종의 특징과 매력을 소개하 고, 대표적인 품종을 골라보았다.

용어 설명

내한성 구역(Hardiness Zone)
미국농무부가 만든 도표로, 식물이 견딜 수 있는 최저 온도를 말한다. 숫자가 작을수록 식물은 더 낮은 온도 를 견딜 수 있다. 물론 식물이 생존하려면 온도 말고도 필요한 조건이 많다. 바람, 지하수, 토양, 강수량도 중요 하다. 따라서 식물을 키우고 싶다면 그 식물이 좋아하 는 여러 조건을 물어보고 고려해야 할 것이다.

식재간격
식물을 심을 때 한 식물의 중심에서 다른 식물의 중심 까지의 거리를 말한다.

공작고사리 *ADIANTUM*

공작고사리에게 마음 주지 않을 자, 과연 몇이나 될까? 사랑스럽고 우아하면서도 튼튼한 이 양치
식물은 아름다운 잎과 반짝이는 검은 색의 잎자루로 화단을 멋지게 꾸민다. 다른 양치식물들과
다른 독특한 생김새도 인기 비결이다. 흔히 공작고사리는 실내나 온실에서 키우는 종으로 생각
하지만, 의외로 겨울을 잘 견디는 종도 많다. 학명 아디안툼Adiantum은 그리스어에서 왔고, 대략
"물을 털어내다"는 뜻이다. 그러니까 이름대로 잎이 물을 싫어해서 비가 와도 보송보송하다. 한
파에 강한 품종들은 정원용 식물로 적당해서 암석정원이나 숲정원, 그늘진 화단에서 잘 자란다.
공작고사리는 가을에 홀씨로 번식하지만 봄에 뿌리줄기를 나누어 심어도 된다.

아디안툼 알레우티쿰
Adiantum aleuticum
- 웨스턴 메이든헤어 고사리
Western Maidenhair Fern
키 50~60cm
장소 반그늘에서 그늘까지, 습한 토양
내한성 구역 6~7
식재 간격 35cm
공작고사리A.pedatum와 매우 닮았지만, 잎이
더 작고 똑바로 자라며 뿌리줄기도 약간 더 작
다.
품종
임브리카툼Imbricatum 잎은 조직이 튼튼하고
늘어진다. 키는 20~30cm이다.
수브푸밀룸Subpumilum 15cm 가량의 작은 키
야포니큼Japonicum 어린 순은 예쁜 분홍색이
다. 본종보다는 내한성이 떨어진다.

아디안툼 카필루스-베네리스
Adiantum capillus-veneris
- 봉작고사리Southern Maidenhair Fern
키 30~50cm
장소 반그늘에서 그늘까지, 습한 토양
내한성 구역 8(추위를 잘 견딘다)
식재 간격 30cm
정말로 예쁜 장식용 양치식물로, 빽빽하게 붙
어 자란다. 여리고 우아한 자태에 까만 잎자
루가 매력적이다. 실내용 관상식물로만 키우지
만, 온대지역에서는 월동준비만 잘 한다면 야
외에서도 겨울을 날 수 있다.

아디안툼 × 마이리시
Adiantum x mairisii
키 30~50cm
장소 반그늘에서 그늘까지, 습한 토양
내한성 구역 8
식재 간격 35㎝
아디안툼 카필루스-베네리스A.capillus-veneris
와 지금까지 알려지지 않았던 친척, 아마도 아
디안툼 라디아눔A.raddianum의 불임 잡종이다.
부드러운 연초록 잎이 어두운 장소에서는 더욱
도드라지므로 숲정원에서 인기를 끈다.

구역	온도
1	- 46℃ 아래
2	-46 ~ -40℃
3	-40 ~ -34℃
4	-34 ~ -29℃
5	-29 ~ -23℃
6	-23 ~ -18℃
7	-18 ~ -12℃
8	-12 ~ -7℃
9	-7 ~ -1℃
10	-1 ~ +4℃
11	+4℃ 위℃
12	+4 ~ +15℃
13	+15℃ 위

아디안툼 페다툼 *Adiantum pedatum*
- 공작고사리Northern Maidenhair Fern
키 50~60cm
장소 반그늘에서 그늘까지, 습한 토양
내한성 구역 3
식재 간격 30cm
잎몸이 피침형이고, 잎은 짝을 맞추어 양쪽으
로 나뉘어 난다. 검게 반짝이는 잎자루에 약
25~35cm 길이의 잎이 달린다.
품종
미스 샤플레스 Miss Sharples 상록식물로, 키
는 약 40cm이다.
임브리카툼Imbricatum 키가 10~20cm 밖에
안 되는 난쟁이 품종이다.

아디안툼 베누스툼
Adiantum venustum
- 히말라야 공작고사리
Himalayan Maidenhair Fern
키 20~40cm
장소 반그늘, 습한 토양
내한성 구역 6~7
식재 간격 35cm
히말라야가 고향이므로 추위를 잘 견디는 공작
고사리이다. 이 종 특유의 검은 잎자루와 에메
랄드 그린 색의 아름다운 잎이 특징이다. 봄과
가을에는 갈색으로 변하므로 사계절 내내 매력
이 넘친다. 번식력도 왕성하다.

쇠고사리 ARACHNIODES

곱고 반짝이는 깃털 잎을 매단 상록식물이다. "아라크니오데스"라는 이름은 그리스어 "아라크니 온arachnion"에서 왔고 거미줄이라는 뜻이다. 생물학자 카를 블루메Carl Blume가 어느 날 자신의 양치식물 표본실이 거미줄로 뒤덮인 것을 보고는 이 종에게 이런 이름을 붙였다고 한다.

아르크니오데스 아리스타타
Arachniodes aristata
- 가는 쇠고사리
키 40~80cm
장소 반그늘에서 그늘까지
내한성 구역 8
식재 간격 40cm
숲정원이나 그늘이 이동하는 다른 장소에서도 잘 자란다. 살짝 습한 토양을 좋아하지만, 주기에 따라서는 가뭄도 잘 견딘다.

아르크니오데스 심플리시오르
Arachniodes simplicior
- 꼬리쇠고사리East India Holly Fern
키 30~60cm
장소 반그늘
내한성 구역 8
식재 간격 30cm
온대에서 자라는 몇 안 되는 양치식물 중 하나로, 줄무늬 (두 가지 색깔의) 잎이 특징이다. 짙은 초록색의 잎은 끝부분이 반짝거리고 우축을 따라 하얀 줄무늬가 나 있다. 그래서 해의 위치에 따라 그늘이 이동하는 화단에서 특히 매력을 뽐낸다. 기후가 온화한 지역에서만 야외에서 겨울을 날 수 있다.

아르크니오데스 스탄디시
Arachniodes standishii
- 일색고사리 Upside-Down Fern
키 60~90cm
장소 반그늘, 습한 토양
내한성 구역 6~7
식재 간격 50cm
깃털 모양이 길고 앙증맞은 잎은 반짝이는 연초록색이다. 숲정원에 심으면 눈길을 끌 수 있다.

폴리포디움 캄브리쿰 *Polypodium cambricum* (풀체리뭄 Pulcherrimum 군)의 품종들은 고르지 않게 자라므로 생긴 것이 꼭 누가 와서 살짝 쥐어 뜯어놓은 것 같다. 하지만 오히려 그 모습이 더 재미있다. (64쪽을 참조할 것.)

꼬리고사리 *ASPLENIUM*

키가 작아서 숲정원과 그늘진 구석에 잘 어울린다.
그늘이 더 짙은 돌 틈과 돌담에서도 잘 자란다. 아스플레니움Asplenium이라는 이름은 라틴어 "splen"
에서 왔고 "비장"이라는 뜻이다. 이 식물이 예전에 민간요법에서 간과 비장 질환에 쓰였다.

아스플레니움 폰타눔
Asplenium fontanum
- Smooth Rock Spleenwort
키 10~20cm
장소 반그늘
내한성 구역 6~7
식재 간격 35cm
부드러운 초록 잎을 매단 작고 귀여운 양치식물이다. 암석정원처럼 상대적으로 건조하고 가벼운 토양에서 잘 자란다. 석회가 든 흙을 좋아한다.

아스플레니움 플라티네우론
Asplenium platyneuron
- Ebony Spleenwort
키 20~50cm
장소 반그늘
내한성 구역 3
식재 간격 30cm
토양에 습기만 충분하면 바위틈, 돌담, 돌 틈, 숲정원을 가리지 않고 어디서나 잘 자란다.

아스플레니움 스콜로펜드리움
Asplenium scolopendrium
- 골고사리 Hart's-tongue fern
키 20~50cm
장소 반그늘에서 그늘까지
내한성 구역 6~7
식재 간격 40cm
상록인 경우도 있고, 야생에서도 자라지만 국가보호종이다. 기다란 잎이 혀처럼 생겼고 살짝 주름이 졌으며 반짝거린다. 품종에 따라 초록색이 조금씩 다르며, 잎의 폭이 약 5cm인 품종도 있다. 잎 밑면에 홀씨주머니군이 예쁜 물고기 뼈 무늬를 만들기 때문에 장식 효과가 뛰어나다. 영국에서 양치식물 열풍이 불었을 때 골고사리 인기가 하늘을 찔렀고, 덕분에 품종이 정말로 많다. 그중 몇 가지만 골라보면 아래와 같다.
품종
크리스타타툼Cristatatum 잎의 끝이 곱슬곱슬하고 부채 모양이다.
크리스파 볼턴스 노블 Crispa Bolton's nobile 가장자리 주름이 짙어서 장식 효과가 크다.
운둘라툼Undulatum 주름진 잎.
라세라툼 카이에 Laceratum Kaye 상추 잎처럼 생긴 잎의 끝부분이 곱슬거린다.
마르기나타Marginata
무리카툼Muricatum 잎의 주름이 깊다
사기타타Sagittata 화살 모양.

아스플레니움 셉텐트리오날레
Asplenium septentrionale
- 솔잎고사리 Northern Spleenwort
키 10~25cm
장소 양지에서 그늘까지, 석회가 풍부한 토양
내한성 구역 3
식재 간격 30cm
생김새가 약간 독특하다. 돌이 많은 곳, 암석정원이나 돌담에서 아주 잘 자란다.

아스플레니움 트리코마네스
Asplenium trichomanes
- 차꼬리고사리 Maidenhair Spleenwort
키 10~20cm
장소 반그늘에서 그늘까지, 습한 토양
내한성 구역 6~7
식재 간격 30cm
바위틈, 돌담, 돌 틈에서 잘 자라는 작은 양치식물이다. 생육 조건이 맞으면 깃꼴겹잎을 매단 조밀한 로제트*를 형성한다. 검게 반짝이는 예쁜 잎과 우축이 눈길을 사로 잡는다.
*짧은 줄기에 많은 잎이 밀집해 장미 모양으로 배열된 것
품종
크리스타툼Cristatum
인키시움Incisium 본종과 아주 닮았지만, 키가 조금 더 커서 약 25~30cm까지 자란다.
라모숨Ramosum

개고사리 *ATHYRIUM*

정원에 심기에 안성맞춤인 양치식물이다. 같은 속이어도 형태와 색이 매우 달라서 우아하고 부드러운 초록색에서 은청개고사리의 은청빛깔까지 다채롭기 그지없다. 아티리움Athyrium이라는 이름은 그리스어 "아티로스 athyros"에서 왔고 "문이 없다"는 뜻이다. 잎 밑면에 붙은 홀씨주머니에 포막이 없어서 붙은 이름으로, 종을 구분할 때 매우 도움이 된다.

아티리움 필릭스-페미나
Athyrium filix-femina
- **서양개고사리** Lady fern
키 80~100cm
장소 양지에서 음지까지, 약간 습한 토양
내한성 구역 3
식재 간격 50cm
키가 크고, 깃털 잎도 크지만, 생김새는 귀엽다. 아무 데서나 잘 자라기 때문에 키우기가 쉽다. 추위를 잘 견딘다.
품종
보른홀르미엔세Bornholmiense 덴마크 보른홀름 섬이 고향이다. 곧게, 힘차게 자란다.
클라리시마Clarissima 황녹 톤의 깃털 잎을 매단 채 여리여리하게 자란다. 따라서 장식 효과가 크다.
피엘디Fieldii 작은 깃털을 매달고서 아치형을 그리며 아래로 향하는 좁다란 잎이 특징이다.
프리젤리아에Frizelliae 곱슬곱슬한 작은 둥근 잎이 어여쁘고, 아치형으로 자란다. 키는 약 60cm이다.
레이디 인 레드 Lady in red 새순 같은 옆은 초록 잎에 포도주색 잎자루가 특징이다. 키는 약 70cm이다.
미누티시뭄Minutissimum 키가 20cm 정도밖에 안 되는 난쟁이 품종.
빅토리아에Victoriae 양치식물 열풍 때는 왕가 보물이었다. 잎의 끝이 깃털 모양이고 소우편이 지그재그로 자라서 X자 형태가 된다.
로트슈틸Rotstiel 잎자루가 붉고 키가 60cm까지 자란다.
베르노니아에Vernoniae 잎자루가 적갈색이고, 잎끝은 살짝 깃털 모양이다.

아티리움 니포니쿰
Athyrium niponicum
- **은청개고사리** Japanese Painted Fern
키 15~30cm
장소 양지에서 음지까지, 습한 토양
내한성 구역 6~7
식재 간격 35cm
여러 가지 빛깔의 양치식물로 장식 효과가 뛰어나다. 다른 관상용 식물과 같이 심으면 정말 예쁘다.
품종
애플커트Applecourt 잎끝에 주름이 잡혔고 초록색과 흰색이 섞여 있다. 귀엽고 예쁘다.
버건디 레이스 Burgundy Lace 은빛 바탕에 검붉은 색이다.
고스트Ghost 청회색 풍의 털 많은 초록 잎은 곧게 자라고, 전체적으로 수풀을 이루므로 약간 귀신 같은 느낌을 풍긴다.
픽툼Pictum "메탈리쿰"이라고도 부른다. 금속 느낌의 반짝이는 은색 톤이 잎의 끝부분과 우축에 담겨 있다. 잎자루는 반짝이는 보라색 톤이다.
우르술라스 레드 Ursulas red 잎의 끝부분이 은빛 톤이고 우축이 짙은 보라색이다. 잎자루는 짙다 못해 검은색에 가깝다.
오션스 푸리 Oceans Fury 은색 잎의 끝부분이 깃털 모양이다.

아티리움 오토포룸 바르 오카눔
Athyrium otophorum var.okanum
- **Eared Lady Fern**
키 20~50cm
장소 반그늘에서 그늘까지, 습한 토양
내한성 구역 3
식재 간격 30cm
잎이 너무나 아름답고 보라색 우축이 화려하다.

아티리움 비달리
Athyrium vidalii
- **산개고사리** Vidal's Lady Fern
키 30~45cm
장소 반그늘에서 그늘까지, 습한 토양
내한성 구역 8
식재 간격 30cm
은청 개고사리A. nipponicum와 정말 많이 닮았지만, 키가 더 크고 더 옆으로 누워 자란다. 새순은 붉은빛이 감돈다.

블레크눔 *BLECHNUM*

숲정원과 그늘진 장소에 잘 맞는 양치식물이다. 영양잎과 홀씨잎이 다르게 생겼는데, 영양잎은 상록이고 가죽 느낌이 난다. 블레크눔은 고대 그리스 식물의 이름으로, "돛"이라는 뜻이다. 원래 어떤 식물의 이름이었는지는 알려지지 않았다.

블레크눔 니포니쿰
Blechnum niponicum
- Japanese Deer Fern
키 30-50cm
장소 반그늘, 습한 토양
내한성 구역 6~7
식재 간격 40cm
겨울에도 잎이 초록인 상록식물이며, 새순은 예쁜 분홍색이다. 숲정원이나 흙이 약간 습하고 그늘이 이동하는 장소에서 잘 자란다.

블레크눔 노바에-젤란디아에
Blechnum nova-zelandiae
- 키오키오 Kiokio
키 50~150cm
장소 반그늘에서 그늘까지, 습한 토양
내한성 구역 6~7
식재 간격 45cm
뉴질랜드 숲이 원산지로 잎이 야자 모양이다. 숲정원이 키우기 좋은 장소이지만, 한파에 아주 강하지는 않으므로 온대 지역에서만 바깥에서 겨울을 날 수 있다.

블레크눔 펜나 마리나
Blechnum penna-marina
- Antarctic Hard-Fern
키 10~25cm
장소 양지에서 음지까지, 습한 토양, 산성 토양
내한성 구역 6~7
식재 간격 30cm
습기만 충분하면 양지와 음지를 가리지 않고 잘 자라는 매우 효율적인 지피식물이다. 석회가 많은 땅은 좋아하지 않는다.
품종
알피니움Alpinum 붉은 잎
크리스타툼Cristatum 잎이 곱슬거리며 고르지 않게 자란다.
파이어크래커Firecracker
미노르Minor

블레크눔 스피칸트
Blechnum spicant
- 사슴고사리 Deer Fern
키 25~50cm
장소 반그늘에서 그늘까지, 습한 토양, 산성 토양
내한성 구역 6~7
식재 간격 40cm
정원이나 그보다 더 그늘진 장소에서도 잘 자라기 때문에 키우기 쉽다. 영양잎과 홀씨잎이 다른데, 홀씨잎은 곧게 자라고 빗 모양이지만, 영양잎은 상록이고 땅에 붙어 로제트를 형성한다.
품종
크리스타툼Cristatum 잎끝이 곱슬곱슬하고 깃털 모양이다
레드우즈 자이언트 Redwoods Giant 키가 껑충 크고 숲정원에 특히 잘 맞다.
리처드의 톱니 Richard's Serrate 잎몸이 우상 전열*이므로 잎 모양이 매끈하다.

*우편이 날개깃 모양으로 중맥까지 갈라진 상태

개부싯깃고사리 *CHEILANTHES*

개부싯깃고사리 속의 종들은 해가 쨍쨍하고 건조하며 척박한 땅에 적응하였기 때문에, 숲정원을 좋아하는 대부분의 양치식물과는 정반대이다. 건기가 길어지면 말랐다가도 비가 내리면 다시 살아난다. 그래서 영어 이름이 "resurrection ferns", 부활 양치이다. 케일란테스Cheilanthes라는 학명은 그리스어 "켈리오스chelios"(입술)와 "안토스anthos"(꽃)를 합쳐 만들었다. 입 끝의 생김새 때문에 붙은 이름이다.

케일란테스 펜드레리
Cheilanthes fendleri
키 30cm
장소 양지, 마른 토양
내한성 구역 8
식재 간격 30cm
돌이 많은 곳, 건조하고 척박하고 해가 쨍쨍한 장소에 딱맞는 식물이다. 흙은 통기성이 좋아야 하고, 겨울에는 월동준비가 필요하다. 옮겨심기가 아주 쉽지는 않다.

케일란테스 린드헤이메리
Cheilanthes lindheimeri
키 20~30cm
장소 양지, 마른 토양
내한성 구역 8
식재 간격 30cm
건조하고 척박한 토양에서 장식 효과가 매우 좋은 양치식물이다. 꼿꼿하게 선 작은 잎은 은빛 털로 덮여 있다. 자갈이 많아 통기성이 좋은 토양이 필요하다. 겨울에는 반드시 월동준비를 해야 한다. 옮겨심기 어렵다.

쇠고비 *CYRTOMIUM*

이국적인 외모, 화려한 초록과 아름다운 잎 모양이 매력 만점이다. 그늘에서
도 잘 자라기 때문에 정원에서 제일 어두운 곳에 심어도 좋다. "키르토미움
Cyrtomium"이라는 학명은 그리스어 "키르토마kyrtoma(활처럼 둥글다)"에서 왔
다. 몇 종은 잎맥의 무늬가 특히 예뻐 장식적인 효과가 뛰어나다.

키르토미움 팔카툼
Cyrtomium falcatum
- **도깨비쇠고비** House Holly-Fern
키 40~60cm
장소 반그늘에서 그늘까지, 습한 토양
내한성 구역 8
식재 간격 40cm
세밀하지 않은 깃털 모양의 잎이 마호니아를
닮았다. 화분에 심어 키우면 겨울에도 문제없
지만, 야외라면 월동준비가 필요하다.
품종
버터필디Butterfieldii 반짝반짝 광택이 나는 잎
을 매단 전형적인 실내 관상용 식물이다.

키르토미움 포르투네이
Cyrtomium fortunei
- **윤쇠고비** Fortune's Holly-Fern
키 25~50cm
장소 반그늘에서 그늘까지, 습한 토양
내한성 구역 6~7
식재 간격 40cm
키우기가 쉽고, 잎이 넓어서 언뜻 보면 양치식
물이 아닌 것 같다. 그늘진 숲정원이나 그 외
의 습하고 그늘진 장소에서 잘 자란다. 옮겨심
기가 쉽다.
품종
클리비콜라Clivicola

키르토미움 마크로필룸
Cyrtomium macrophyllum
- Big Leaf Holly Fern
키 30~60cm
장소 반그늘에서 그늘까지, 습한 토양
내한성 구역 8
식재 간격 40cm
연초록빛 잎 때문에 그늘진 화단에 잘 어울린
다. 보통의 음지식물은 잎 색깔이 짙으므로, 연
한 잎을 매단 이 녀석이 멋진 대비 효과를 선
사한다.

한들고사리 *CYSTOPTERIS*

이 멋진 양치식물은 추운 산악 지역이면 전 세계 어디서나 잘 자란다. 따라서 바깥 정원에 심을 수 있는 식물 종이 한정된 추운 지방에서 인기가 높다. 또 봄에 잎을 빨리 펼치기 때문에, 그 정교하고 고운 잎으로 이른 봄의 화단을 아름답게 장식한다. 키스토프테리스Cystopteris라는 이름은 그리스어 "키스티스kystis(방광)"에서 왔다. 홀씨주머니를 둘러싼 포막이 방광 모양이어서 붙은 이름이다.

키스토프테리스 불비페라
Cystopteris bulbifera
- **살눈 고사리** Bulblet Fern
키 25~50cm
장소 반그늘, 습한 토양
내한성 구역 3
식재 간격 40cm
연초록 잎을 매달고서 가늘게 자란다. 잎줄기를 따라 예쁘게 생긴 초록색 살눈*을 만드는데, 이 종의 특징이다.

* 살눈(bulbil 혹은 bulblet) : 주아, 무성아, 구슬눈이라고도 한다. 잎겨드랑이에 생기는. 크기가 특히 짧은 비늘줄기로 완전한 크기로 자라면 떨어져 독립된 개체로 자란다

키스토프테리스 프라길리스
Cystopteris fragilis
- **한들고사리** Brittle Bladder-Fern
키 20~40cm
장소 반그늘, 습한 토양
내한성 구역 3
식재 간격 40cm
시베리아에서 열대에 이르기까지 전 세계에서 가장 흔한 양치식물 중 하나이다. 이른 봄에 자라고 연초록의 얼룩얼룩한 잎을 펼친다. 하지만 철이 끝날 무렵에는 시들시들해서 황량한 분위기를 풍기므로 식재 계획을 세울 때는 이점도 고려해야 한다. 웬만한 곳에서는 잘 자라지만, 아무래도 반그늘의 습한 토양을 좋아한다.

잔고사리 *DENNSTAEDTIA*

잔고사리속의 종은 대부분 열대지방이 고향이지만 온대 지방에서 온 종도 여럿 있다. 이 온대 출신 종들은 다양한 장소에 잘 적응하고 효율적으로 잘 번진다는 특징이 있다. 덴스타에드티아Dennstaedtia라는 학명은 독일 식물학자 아우구스트 덴슈테트August Dennstaedt, 1776–1826의 이름을 따서 붙였다.

덴스타에드티아 푼크틸로불라
Dennstaedtia punctilobula
- Eastern Hay-Scented Fern
키 40~80cm
장소 양지에서 음지까지
내한성 구역 3
식재 간격 50cm
적응력이 뛰어나 어디나 심어도 잘 자란다. 하지만 번식력이 너무 강해서 작은 화단에는 적당하지 않다. 넉넉한 장소를 마련하여 심으면 마음껏 번져나가고 잘 자란다.

진고사리 *DEPARIA*

진고사리(데파리아)는 태어난 지 얼마 안 된 속이다. 1990년대까지만 해도 대부분의 종을 다른 속들, 특히 개고사리속Athyrium으로 많이 분류하였다. 속의 이름 "데파리아Deparia"은 그리스어 "데파스 depas"(찻잔)에서 따왔는데, 많은 종에서 포막의 생김새가 그렇게 생겼기 때문이다.

데파리아 아크로스티코이데스
Deparia acrostichoides
- Silver Glade Fern
키 75~100cm
장소 반그늘에서 그늘까지, 습한 토양
내한성 구역 3
식재 간격 50cm
추위를 잘 견딘다. 숲정원이나 그늘진 곳에서 잘 크는데, 연초록 잎이 다른 그늘 식물들의 짙은 색깔 잎과 대비를 이루어 보기가 참 좋다.

데파리아 자포니카
Deparia japonica
- **진고사리**Black Lady Fern
키 30~60cm
장소 반그늘에서 그늘까지, 습한 토양
내한성 구역 8
식재 간격 40cm
몸집이 작고 검은 빛을 띠는 진녹색 잎이 장식 효과를 더한다. 습도가 일정해야 한다.

나무고사리 *DICKSONIA*

나무고사리(딕소니아Dicksonia) 속에는 22종의 나무고사리가 포함되고, 이것들 대부분은 뉴질랜드가 고향이다. 정원에 심어놓으면 화려한 모양새로 사람들의 눈길을 끈다. 추위를 잘 견디는 몇 종이 있기는 하지만, 온대 지방에서는 딕소니아 안타르크티카Dicksonia antarctica를 빼면 바깥에 심지 않는 것이 좋다.

딕소니아 안타르크티카
Dicksonia antarctica
- Soft Tree Fern
키 4.5 ~ 6m
장소 반그늘에서 그늘까지, 습한 토양
내한성 구역 월동준비를 한다면 8
딕소니아 안타르크티카는 나무고사리 중에서는 추위를 가장 잘 견딘다. 기후온난화 탓에 기후가 아주 온화한 곳에서는 1년 내내 야외에서 키울 수도 있다. 물론 충분한 방한 조치가 필요하다. 화분에 심어 실내에서 키워도 좋고, 겨울 동안 따뜻한 곳으로 옮겨심어도 좋다. 더 자세한 내용은 186쪽에서 설명하였다.

관중속 DRYOPTERIS

키가 크고 건장한 이 양치식물들은 정원이나 화단, 실내의 짜임새를 짜는 식물로 적당하다. 대부분의 종이 추위를 매우 잘 견딘다. 해가 쨍쨍해도, 그늘이 져도, 습기만 넉넉하면 어디서나 잘 자란다. 드리오프테리스Dryopteris라는 이름은 그리스어 "드리스drys"(참나무)와 "프테리스pteris"(양치식물)를 합쳐 만들었고, 해석을 해보자면 "참나무에서 자라는 양치식물" 정도의 뜻이 될 것이다.

드리오프테리스 아피니스
Dryopteris affinis
- Scaly Male Fern
키 50~120cm
장소 양지에서 음지까지, 습한 토양
내한성 구역 3
식재 간격 50cm
잎은 두 번깃꼴겹잎(2회우상복엽)이며, 봄에는 연초록색이다가 시간이 갈수록 점점 색깔이 짙어진다. 잎자루와 우축은 금갈색이고 긴 비늘로 덮여 있다. 영어 이름에 "scaly(비늘로 뒤덮인)"가 들어간 것도 그 때문이다.
품종
크리스타타Cristata
크리스타타 더 킹 Cristata the King 잎끝이 갈라지고 주름이 져서 장식 효과가 매우 뛰어나다.
크리스타타 안구스타타 Cristata angustata
크리스파 그라실리스 Crispa gracilis 곱슬곱슬 주름진 잎, 약 60cm.
레볼벤스Revolvens 잎끝이 돌돌 말려 있다.
스타블레리Stablerii, **핀데리**Pinderi

드리오프테리스 아우스트랄리스
Dryopteris x australis
- Dixie Wood Fern
키 120~150cm
장소 반그늘에서 그늘까지, 습한 토양
내한성 구역 3
식재 간격 50cm
고향이 남쪽이지만 추운 지방에서도 추위를 잘 견딘다. 곧게 똑바로 자라므로 그늘진 화단에서 지피식물과 함께 수직의 짜임새를 짜는 데 적당하다.

드리오프테리스 비세티아나
Dryopteris bissetiana
- 산족제비고사리Beaded Wood Fern
키 60cm
장소 반그늘에서 그늘까지
내한성 구역 8
식재 간격 40cm
생김새가 정말 예뻐서 화단 앞자리에 심어도 좋다. 화분에 심어서 화단을 빙둘러 장식하는 방법도 괜찮다. 잎은 황녹색이고 새순에는 은빛과 붉은빛이 감돈다.

드리오프테리스 캄필로프테라
Dryopteris campyloptera
- Mountain Wood Fern
키 60cm
장소 반그늘에서 그늘까지
내한성 구역 3
식재 간격 40cm
하얀 얼룩무늬가 있는 연녹색의 고운 잎과 더 짙은 초록색의 잎자루가 달렸다. 추위를 정말 잘 견디므로 겨울 정원에 안성맞춤이다.

드리오프테리스 카르투시아나
Dryopteris carthusiana
- Spinulose Wood Fern
키 40~80cm
장소 반그늘에서 그늘까지, 습한 토양
내한성 구역 3
식재 간격 40cm
삼각형 잎이 부드럽고 아름다운 초록빛으로 정원을 물들인다. 추위를 정말 잘 견뎌서 키우기가 쉽다. 습하고 그늘진 곳에 심으면 잘 자란다. 따라서 식물에 정성을 들일 여유가 없는 사람들이나, 자연스러운 정원을 선호하는 사람들에게 안성맞춤이다.

드리오프테리스 참피오니
Dryopteris championii
- 제주지네고사리 혹은 엷은잎지네고사리
Champion's Wood Fern
키 60~90cm
장소 반그늘
내한성 구역 6~7
식재 간격 40cm
상록의 잎은 간격이 넓어서 긴 잎자루가 잘 보인다. 광택이 나는 초록 잎은 늦가을의 흐린 날에도 반짝인다. 물론 장식 효과는 봄에 더 빛이 난다. 돌돌 말렸다 펴지는 새순은 은빛 털로 덮여 있다.

드리오프테리스 클린토니아나
Dryopteris clintoniana
- Clinton's Wood Fern
키 70~100cm
장소 양지에서 음지까지, 습한 토양
내한성 구역 6~7
식재 간격 40cm
적응력이 뛰어난 멋진 양치식물이다. 땅에 습기만 충분하면 추워도, 해가 쨍쨍해도, 그늘이 져도 잘 자란다. 하지만 수직으로 자라는 잎은 바람에 민감해서 바람이 들지 않는 장소가 가장 좋다.

드리오프테리스 콤플렉사
Dryopteris x complexa
- Robust Male Fern
키 50~120cm
장소 반그늘
내한성 구역 3
식재 간격 50cm
드리오프테리스 아피니스D.affinis와 드리오프테리스 필릭스 마스D.filix-mas의 잡종으로 추위에 아주 강하다. 숲정원에 심으면 좋지만 해가 더 잘 드는 양지에서도 잘 견딘다. 튼튼하고 힘차게 자라기 때문에 화단에 짜임새를 주기에 좋다. 봄에 나는 새순은 녹빛이고 비늘로 덮여 있어서 장식 효과가 뛰어나다.
품종
로부스트Robust 키가 최고 2m까지 자라고 가뭄을 잘 견딘다.
스타블레리Stableri 잎이 작고 수직으로 자란다.
스타블레리 크리스페드 Stableri Crisped 잎이 폭이 좁고 곱슬곱슬 주름이 졌다.

드리오프테리스 크라시르히조마
Dryopteris crassirhizoma
- 관중 혹은 면마Plant Finder
키 50~90cm
장소 반그늘
내한성 구역 3
식재 간격 40cm
이른 봄에 녹빛 새순을 펼치는데, 자라면서 반짝이는 초록색으로 변한다. 반그늘을 제일 좋아하며 점토질이나 부식질이 많은 땅을 좋아한다.

드리오프테리스 크리스피폴리아
Dryopteris crispifolia
키 40~80cm
장소 반그늘
내한성 구역 8
식재 간격 40cm
깃털 모양의 부드러운 잎을 매단 상록 양치식물이다. 영하 12도까지 견디므로 많은 지역에서 바깥에 심을 수 있다. 물론 약간의 월동준비는 필요하다.

드리오프테리스 크리스타타
Dryopteris cristata
- Crested Wood Fern
키 60cm
장소 반그늘에서 그늘까지, 습한 토양
내한성 구역 3
식재 간격 30cm
상록성 양치식물이다. 독일어권에서는 자연에서도 자라지만 희귀 보호종이다. 습기를 좋아해서 숲정원에 딱맞다. 가뭄은 못 견디므로 정원 연못 가장자리처럼 습하거나 젖은 땅에 주로 심는다.

드리오프테리스 시카디나
Dryopteris cycadina
- 톱지네고사리Shaggy Wood Fern
키 80cm
장소 반그늘에서 그늘까지
내한성 구역 6~7
식재 간격 40cm
상록성 양치식물로 가죽 느낌이 나는 반짝이는 잎은 짙은 초록색이다. 숲정원이나 그늘진 화단에 심기 좋다. 또 나무나 수풀 아래에 지피 식물로 심어도 좋다.
품종 아트라타Atrata

드리오프테리스 딜라타타
Dryopteris dilatata
- Broad Buckler Fern
키 50~100cm
장소 반그늘에서 그늘까지, 습한 토양
내한성 구역 3
식재 간격 50cm
키가 껑충 큰 양치식물로, 숲정원이나 그늘진 장소에 심는다. 물론 건조하고 해가 쨍쨍한 곳에서도 자랄 수 있지만, 환경이 그렇게 척박하면 원래 짙은 녹색이던 잎 색깔이 황녹색으로 바뀐다. 적응력이 뛰어나서 곳곳에서 만날 수 있는 양치식물이다.
품종
크리스파 화이트사이드 Crispa Whiteside 장소를 가리지 않고 잘 자란다. 주름진 잎은 윗면이 희다.
크리스타타Cristata 잎의 끝부분이 머리빗 같이 생겼다.
지미 다이스 Jimmy Dyce 똑바로 자라고 잎에 푸른빛이 감돈다.
레피도타 크리스타타 Lepidota cristata 미세하게 갈라진 깃털 모양 잎이 예쁘고, 잎자루와 우축을 특이한 적갈색 비늘이 덮고 있다.
레쿠르바타Recurvata
리커버드 폼 Recurved Form 돌돌 말린 깃털 모양의 잎.

드리오프테리스 에리트로소라
Dryopteris erythrosora
- 홍지네고사리Autumn Fern
키 40~50cm
장소 반그늘, 습한 토양
내한성 구역 6~7
식재 간격 30cm
장식 효과가 뛰어난 고마운 종이다. 어린잎은 청동색이지만 시간이 가면서 붉은 반점이 찍힌 부드러운 초록으로 변하고, 철이 끝날 무렵에는 짙은 초록이 된다. 쉬지 않고 계속 새잎을 내기 때문에 항상 붉은 반점이 찍힌 잎을 볼 수 있다.
품종
브릴리언스Brilliance 새순이 오랫동안 아름다운 오렌지색을 띤다.
프롤리피카Prolifica 키가 약 60cm로 야생종보다 크다.
래디언스Radiance 키가 작고 어린잎은 핏빛이다.

드리오프테리스 필릭스 마스
Dryopteris Filix-mas
- Male Fern
키 100~150cm
장소 양지에서 음지까지. 정말 키우기 쉽다
내한성 구역 3
식재 간격 50cm
자연에서 자주 볼 수 있는 양치식물이다. 다년생으로 추위를 아주 잘 견디고 척박하고 건조한 곳에서도 살 수 있기에 식물이 자라기 힘든 땅에 심어서 환경을 개선할 수 있다. 독성이 강하다.
품종
바르네시Barnesii 잎이 폭이 좁고 힘차게 수직으로 자란다.
크리스타타Cristata 잎자루가 갈색이며 잎끝이 갈라지고 주름이 진다.
리네아리스 폴리닥틸라 Linearis Polydactyla 잎이 부드럽고 예쁘며 꽃병 모양으로 자란다. 습한 곳에 심기 적당하다.
그란디켑스Grandiceps 잎끝이 곱슬곱슬 주름이 진다.
파슬리Parsley 잎이 파슬리를 닮았다.

드리오프테리스 딕킨시
Dryopteris dickinsii
- 큰톱지네고사리Dickins Wood Fern
키 60cm
장소 양지에서 음지까지
내한성 구역 6~7
식재 간격 50cm
아름다운 황녹색 잎과 화려한 검은 비늘로 덮인 중축이 특징이다. 정원용 식물로 많이 심지는 않는다.
품종
인키사Incisa

드리오프테리스 포르모사나
Dryopteris formosana
- 꼬리족제비고사리Formosa Wood Fern
키 45~60cm
장소 반그늘
내한성 구역 8
식재 간격 40cm
상록성 양치식물로, 잎이 반짝이는 초록색이지만 일부는 금녹색으로 변한다. 잎은 철이 되어야 자라며, 잎의 제일 아래쪽 깃털이 아래로 향하는 특징이 있다. 가뭄을 매우 잘 견딘다.

드리오프테리스 골디아나
Dryopteris goldiana
- Goldie's Wood Fern
키 60~120cm
장소 반그늘에서 그늘까지
내한성 구역 6~7
식재 간격 50cm
드리오프테리스 필릭스 마스D.filix-mas와 정말 닮았지만, 잎이 훨씬 더 크고 더 깃털 모양이며 담녹색이다.

드리오프테리스 혼도엔시스
Dryopteris hondoensis
- **큰홍지네고사리**Hondo Wood Fern
중국, 일본, 한국 등 동아시아에서 자생하며
유럽에서는 아직 정원용 식물로 많이 쓰이지
는 않는다. 추위를 엄청 잘 견뎌서 -10℃까지
도 끄떡없다.

드리오프테리스 인테르메디아
Dryopteris intermedia
- Intermediate Wood Fern
키 45~90cm
장소 반그늘에서 그늘까지
내한성 구역 3
식재 간격 40cm
상록성 양치식물로 연초록색 잎에 살짝 파란빛
이 감돈다. 잎의 밑면은 털로 덮여 있다. 키우기
도 쉽고 정말 예뻐서 반그늘에서 그늘까지, 숲
정원의 여러 장소에 심을 수 있다.

드로프테리스 라보르데이 "골든 미스트"
Dryopteris labordei 'Golden mist'
- Golden Mist Wood Fern
키 30~60cm
장소 반그늘
내한성 구역 6~7
식재 간격 30cm
반그늘을 좋아하지만, 정원 어디서나 잘 자란
다. 키가 작고, 어린잎은 황금빛 노랑이다가 자
라면서 차차 반짝이는 짙은 초록으로 바뀐다.

드리오프테리스 라체라
Dryopteris lacera
- **비늘고사리**Leathery Wood Fern
전 세계에 분포하지만 특히 동아시아에서 자
생한다. 가까운 친척인 드로프테리스 혼도엔
시스D.hondoensis와 비슷하게 추위를 잘 견
딘다. 역시나 아직 정원용 식물로는 많이 쓰이
지 않는다.

드리오프테리스 레피도포다
Dryopteris lepidopoda
- Sunset Fern
키 50cm
장소 반그늘에서 그늘까지
내한성 구역 6~7
식재 간격 40cm
정원 그늘진 곳에 장식용으로 적당하다. 해가
조금 드는 것은 괜찮지만, 한낮이나 오후의 강
렬한 햇살은 견디지 못한다. 잎이 시간이 가면
서 초록, 노랑, 빨강, 적갈색으로 바뀐다. 상록
성이다.

드리오프테리스 루도비시아나
Dryopteris ludoviciana
- Southern Wood-Fern
키 60~120cm
장소 반그늘에서 그늘까지, 습한 토양
내한성 구역 8
식재 간격 60cm
짙은 녹색의 잎은 반짝반짝 광택이 많이 난다.
토양에 습기가 꾸준히 공급되어야 하므로 연
못 근처나 정원의 다른 습한 장소에 적당한 식
물이다.

드리오프테리스 마르기날리스
Dryopteris marginalis
- Marginal Wood Fern
키 45~80cm
장소 반그늘에서 그늘까지
내한성 구역 3
식재 간격 40cm
반짝이는 잎이 가죽 느낌을 풍긴다. 상록성이
다. 잎 가장자리에 홀씨주머니가 달리는 것이
특징으로, 마르기날리스marginalis라는 이름
은 거기에서 왔다. 반그늘에서 그늘까지, 건조
하고 통기성이 좋은 토양을 좋아한다.

드리오프테리스 나마에가타에
Dryopteris namaegatae
유럽에서 정원용 식물로는 거의 심지 않지만,
스웨덴 예테보리 식물원에 가면 이 종을 만날
수 있다. 그러니까 스웨덴 정도의 겨울 추위는
견딜 수 있다는 말이다.

드리오프테리스 오레아데스
Dryopteris oreades
- Mountain Male Fern
키 30~50cm
장소 반그늘에서 그늘까지
내한성 구역 6-7
식재 간격 40cm
약간 그늘지고 돌이 많은 땅에서 기가 막히
게 잘 자란다. 드리오프테리스 필릭스 마스
D.filix-mas와 비슷하지만, 잎의 주름이 더 곱
슬거린다.
품종
크리스파Crispa
인키아 크리스파Incisa Crispa

드리오프테리스 폴리레피스
Dryopteris polylepis
- 산비늘고사리Scaly Wood Fern
키 60cm
장소 반그늘
내한성 구역 8
식재 간격 40cm
예쁜 잎은 연녹색이고 잎자루에 검은 비늘이
붙어 있어 장식 효과가 크다.

드리오프테리스 프세우도필릭스 마스
Dryopteris pseudofilix-mas
- Mexican Male Fern
키 90~120cm
장소 양지에서 음지까지
내한성 구역 6-7
식재 간격 60cm
멕시코가 고향인데도 특이하게 적응력이 뛰어
나서 추운 기후에서도 잘 견딘다. 가죽 같은 느
낌의 잎은 색깔이 짙고 수직으로 자란다.

드리오프테리스 피크노프테로이데스
Dryopteris pycnopteroides
- Japanese Wood Fern
키 45~70cm
장소 반그늘에서 그늘까지
내한성 구역 8
식재 간격 40cm
반짝이는 연초록 잎, 가장자리가 활처럼 휜 깃
꼴 잎이 특징이며 어린잎은 예쁜 라임 색이다.
토양과 습도를 가리지 않고 잘 자란다.

드리오프테리스 레모타
Dryopteris remota
- Remote Wood Fern
키 60~90cm
장소 양지에서 음지까지
내한성 구역 3
식재 간격 40cm
정원 어디에나 심어도 되는 키우기 쉬운 종이
다. 드리오프테리스 아피니스D.affinis와 드리
오프테리스 엑스판사D.expansa의 유성 잡종
이다. 비늘로 덮인 예쁜 새순은 드리오프테리
스 아피니스의 것이며 아름다운 잎 조직은 드
리오프테리스 엑스판사의 것이다.

드리오프테리스 시에볼디
Dryopteris sieboldii
- Siebold's Wood Fern
키 30cm
장소 반그늘에서 그늘까지
내한성 구역 6~7
식재 간격 30cm
옅은 색깔의 큰 잎이 눈길을 끈다. 잎이 정말 늦
게 나기 때문에 화단을 조성할 때 이 점을 고려
해야 한다. 습한 토양이나 건조한 토양을 가리
지 않고 어디서나 잘 자란다.

드리오프테리스 수블라케라
Dryopteris sublacera
- Torn Wood Fern
키 30cm
장소 반그늘에서 그늘까지
내한성 구역 6~7
식재 간격 30cm
숲정원이나 그늘진 곳에서 자라는 상록성 양
치식물이다. 잎의 윗면은 애플그린색이고 밑면
은 은빛 톤이 감돈다. 토양과 습도를 가리지 않
고 잘 자란다.

드리오프테리스 토쿄엔시스
Dryopteris tokyoensis
- 느리미고사리Tokyo Wood Fern
키 50cm
장소 반그늘에서 그늘까지, 습한 토양
내한성 구역 6~7
식재 간격 40cm
산성 토양이고 습기가 많은 곳에서 가장 잘 자
란다. 따라서 정원이라면 연못 근처나 다른 습
한 장소에 심으면 뛰어난 장식 효과를 볼 수
있다. 곧게 자라는 미세한 잎이 관상용 잔디
를 닮았다.

드리오프테리스 우니포르미스
Dryopteris uniformis
- 곰비늘고사리Uniformed Male Fern
키 30~50cm
장소 반그늘에서 그늘까지, 습한 토양
내한성 구역 6~7
식재 간격 40cm
습기가 많고 그늘진 곳에 심으면 잘 자라기 때
문에 키우기가 쉽다. 잎은 황녹색이고, 돌돌 말
렸다가 이른 봄에 펴진다.

드리오프테리스 왈리치아나
Dryopteris wallichiana
- 왈리치아나봉의꼬리Wallich's Wood Fern
키 80~100cm
장소 반그늘에서 그늘까지
내한성 구역 6~7
식재 간격 50cm
가죽 느낌이 나는 피침형 진녹색 잎은 겨울에
도 색깔을 그대로 간직한다.

토끼고사리 *GYMNOCARPIUM*

토끼고사리 속의 종들은 키가 작고 잎이 성글다. 야생에서는 대부분 산림지역의 젖은 토양에서 자란다. 짐노카르피움Gymnocarpium이라는 학명은 그리스어 "짐노gymno"(벌거벗다)와 "카르포스"(열매)에서 왔으며, 포막이 없는 홀씨주머니 때문에 붙은 이름이다.

짐노카르피움 디스준크툼
Gymnocarpium disjunctum
- Pacific Oak Fern
키 20~30cm
장소 그늘, 습한 토양
내한성 구역 3
식재 간격 25cm
그늘이 지고 땅이 습한 곳에서는 깃털 잎을 활짝 펴고 잎자루를 곧게 세우며 빽빽하게 자란다. 짐노카르피움 드리오프테리스G.dryopteris와 비슷하게 생겼지만 키가 더 크다.

짐노카르피움 드리오프테리스
Gymnocarpium dryopteris
- **토끼고사리**Northern oak fern
키 15~25cm
장소 그늘, 습한 토양
내한성 구역 3
식재 간격 20cm
키우기가 쉽고 추위에 매우 강하기 때문에 숲정원이나 그늘진 곳에서 잘 자란다. 환경이 좋으면 빽빽하게 자란다. pH가 낮은 습한 토양을 좋아한다.
품종 : 플루모숨 Plumosum 깃털 모양의 잎.

청나래고사리 *MATTEUCCIA*

건장하고 위풍당당하므로 숲정원에 이상적인 식물이며, 정원이나 화단 가장자리에 배경 식물로도 적당하다. 마테우치아Matteuccia라는 이름을 들으면 이탈리아 물리학자 카를로 마테우치Carlo Matteucci가 절로 떠오른다.

마테우치아 오리엔탈리스
Matteuccia orientalis
- **개면마**Oriental Ostrich Fern
키 80~100cm
장소 반그늘
내한성 구역 3
식재 간격 50cm
숲 가장자리 같은 반그늘에 심으면 장식 효과가 뛰어나다. 진녹색의 크고 넓은 잎을 매달고서 거의 눕다시피 늘어지며 자란다.

마테우치아 스트루티오프테리스
Matteuccia struthiopteris
- **청나래고사리**Ostrich Fern
키 100~150cm
장소 양지에서 음지까지
내한성 구역 3
식재 간격 50cm
숲정원에 딱 맞는 양치식물이며, 빠르게 번지기 때문에 지피식물로도 적당하다. 하지만 다른 식물을 금방 뒤덮어버릴 수 있으므로 심을 때는 이 점을 유의해야 한다. 연녹색 잎은 부드럽고 꽃병 모양으로 오목하게 자란다. 홀씨잎은 그 꽃병의 안쪽에서 자란다. 처음에는 초록이다가 철이 끝날 무렵에는 갈색으로 변해서 겨울에도 장식 효과를 낸다.

오노클레아 *ONOCLEA*

분류법에 따라 3종이 이 속에 포함되거나, 아니면 여러 아종을 거느린 1종만 여기에 해당한다. 화석을 보면 이 식물이 약 5천만 년 전부터 지구에 살았다는 사실을 알 수 있다. 원래 고향은 북미와 동아시아이다. 이름은 그리스어 "오노스Onos"(탈것)와 "클레오kleo"(가두다)에서 왔고, 휘어진 소우편의 끝부분이 홀씨주머니를 거의 가두다시피 한 모양에서 붙여진 이름이다.

오노클레아 센시빌리스
Onoclea sensibilis
- 야산고비Sensitive fern
키 30~50cm
장소 반그늘, 습한 토양
내한성 구역 3
식재 간격 40cm
특이한 모양의 잎을 매단 예쁜 양치식물이다. 반그늘을 제일 좋아하지만, 땅에 물이 아주 많으면 해가 좀 나도 견딜 수 있다. 젖은 땅에서도 잘 살기 때문에 연못가나 그 비슷한 장소에 심어도 좋다. 추위를 잘 견디지만 밤 서리에는 언다.

선바위고사리 *ONYCHIUM*

10종을 거느린 이 속은 아프리카와 동남아시아가 고향이다. 오니키움Onychium이라는 이름은 그리스어 "오니키온onychion"(발톱)에서 왔고 식물의 생김새가 발톱과 닮아 붙은 이름이다.

오니키움 자포니쿰
Onychium japonicum
- 선바위고사리Carrot Fern
키 50cm
장소 반그늘, 습한 토양
내한성 구역 8 (방한 조치가 필요할 수 있다)
식재 간격 40cm
귀여운 깃털 잎 덕분에 투박한 식물들 옆에 있으면 더욱 눈길을 끈다. 추위에 약해서 온대 지방에서도 방한 조치를 권장한다. 겨울에는 반드시 통기성이 좋은 토양이 필요하다. 따라서 화분에 심어 집안에서 겨울을 나는 것도 좋은 방법이다.

고비 *OSMUNDA*

고비속Osmunda은 젖은 땅을 좋아해서 연못가나 늪지에 심는 것이 가장 좋다. 오스문다Osmunda라는 이름은 아이슬란드어로 "신의 선물"이라는 뜻이다. 특히 꿩고비는 여러 나라에서 오랜 세월 마법의 식물로 생각했다.

오스문다 클라이토니아나
Osmunda claytoniana
- **음양고비**Interrupted Fern
키 100~150cm
장소 양지에서 음지까지, 습한 토양
내한성 구역 3
식재 간격 60cm
연못이나 숲정원의 젖은 땅에서 잘 자라는 아름다운 양치식물이다

오스문다 레갈리스
Osmunda regalis
- **왕관고비**Royal Fern
키 150~200cm
장소 반그늘, 습한 토양
내한성 구역 3
식재 간격 60cm
왕관고비는 고비속의 다른 종들이 그렇듯 젖은 땅을 좋아한다. 그래서 연못 바로 옆처럼 젖은 땅에 심는 것이 제일 좋다. 연초록색 잎을 매달고서 무성하고 큰 덤불을 이루며 철이 끝나갈 무렵에는 황금빛 단풍이 들어서 정말 예쁘다.
품종
푸르푸라스켄스Purpurascens 붉은 잎이 가을이 되면 황금빛으로 물든다.
크리스타타Cristata 잎 모양이 파슬리 같다.
크리스파Crispa
그라킬리스Gracilis 키가 살짝 더 작고 우아하고 섬세한 분위기를 풍긴다.

꿩고비 *OSMUNDASTRUM*

꿩고비속Osmundastrum은 두 종, 즉 오스문다스트룸 시나모메움O. cinnamomeum과 오스문다스트룸 아시아티쿰O. asiaticum 밖에 거느리지 않은 작은 속이다. 그동안에는 이 두 종을 고비속Osmunda에 포함했지만, 지금은 자체적으로 속을 따로 만들었다. 고운 털로 덮인 잎자루가 고비 속과 확연히 다른 점이다. 그밖에는 정말로 비슷하게 생겨서 헷갈리기가 쉽다.

오스문다스트룸 시나모메움
Osmundastrum cinnamomeum
- **꿩고비**Cinnamon Fern
키 100~150cm
장소 반그늘에서 그늘까지, 습한 토양
내한성 구역 3
식재 간격 50cm
영어로 "Cinnamon Fern 시나몬 양치"라는 이름이 붙은 이유는 새순과 홀씨를 매단 다 자란 잎 때문이다. 둘 다 계피처럼 어두운 갈색이어서 다른 식물의 초록 잎들과 눈에 띄게 구분된다.

펠라이아 *PELLAEA*

이 속은 양지를 좋아하고, 돌이 많고 건조하며 척박한 땅에서 잘 자란다. 펠라이아Pellaea라는 이름은 그리스어 "펠로스pellos"(어두운)에서 왔고 광택없는 어두운 초록빛의 잎 때문에 붙은 이름이다.

설설고사리 *PHEGOPTERIS*

이 속에는 아래의 3종만 포함된다. 예전에는 이 3종을 처녀고사리속 Thelypteris에 포함했다. 3종 모두 온대 지역의 그늘지고 습한 숲에서 자라던 종이었다. 페고프테리스Phegopteris라는 이름은 그리스어 "페고스 phegos"(너도밤나무)에서 왔고 너도밤나무 아래에서 자주 발견되었기 때문에 붙은 이름이다.

펠라이아 아트로푸르푸레아
Pellaea atropurpurea
- Purple Cliff Brake
키 20~30cm
장소 양지에서 반그늘까지
내한성 구역 6~7
식재 간격 30cm
펠라이아속은 하나같이 키우기가 쉽지 않지만, 이 종은 그나마 제일 키우기가 쉽고 또 유일하게 추위를 잘 견딘다. 바위틈이나 돌담에서도 자랄 수 있다. 다만 토양 저 아래쪽에 습기가 충분해야 한다. 또 자갈이 많아서 통기성이 좋고 석회가 함유된 토양이어야 한다.

페고프테리스 콘넥틸리스
Phegopteris connectilis
- 가래고사리Long Beech Fern
키 20~30cm
장소 반그늘에서 그늘까지
내한성 구역 3
식재 간격 30cm
널리 퍼진 야생 양치식물이다. 숲정원에서는 지피식물로 쓰기 좋으며, 늪이나 다른 그늘진 습한 토양에서도 잘 자란다. 일 년 내내 새순을 피우기 때문에 이 식물로 장식한 연못은 생동감이 넘친다.

페고프테리스 데쿠르시베 핀나타
Phegopteris decursivepinnata
- 설설고사리Japanese Beech Fern
키 30~40cm
장소 반그늘에서 그늘까지
내한성 구역 3
식재 간격 30cm
히말라야, 일본과 한국의 산에서 자라는 고사리이다. 정원에 심을 때는 앞의 가래고사리 Phegopteris connectilis와 비슷한 용도로 사용한다.

페고프테리스 헥사고노프테라
Phegopteris hexagonoptera
- Broad Beech Fern
키 30~40cm
장소 반그늘에서 그늘까지
내한성 구역 6-7
식재 간격 30cm
잎 모양이 특이하게도 삼각형이며, 반짝이는 연초록색이다. 공격적으로 자라는 지피식물이어서 이웃 식물을 뒤덮어버린다. 따라서 마구 번져도 좋을 곳에 심어야 한다. 물론 척박한 땅에서 양분이 부족하면 아무래도 번식 활동이 줄어든다.

헷갈리는 분류법

양치식물은 종과 아종, 품종이 워낙 많다 보니, 어떤 식물이 어떤 종에 속하는지를 단박에 찾아내기가 쉽지 않다. 또 새로운 사실을 알게 되면서 분류법이 바뀌었는데도 원예 현장에서 변화를 바로바로 적용하지 못하는 경우도 많다. 그러다 보니 바뀐 지 한참 지났어도 옛 이름이 여전히 쓰인다. 폴리포디움 속Polypodium이 대표적이다. 폴리포디움 캄브리쿰Polypodium cambricum은 원래 폴리포디움 아우스트랄레Polypodium australe의 아종이지만, 품종이 너무 많다 보니 그냥 폴리포디움 캄브리쿰이라고 부른다. 심지어 이들 품종의 다수를 예전에 폴리포디움 불가레(미역고사리Polypodium vulgare)에 포함하였기 때문에 지금까지 그렇게 쓰는 경우도 드물지 않다.

미역고사리 *POLYPODIUM*

이 속은 상록성이고 뿌리줄기가 왕성하게 뻗어 나가며, 그 뿌리줄기에서 잎이 수직으로 솟아난다. 야생에서는 쓰러진 나무나 돌 위에서 많이 자란다. 따라서 정원에 옮겨오면 담벼락, 돌이 많은 곳을 아름답게 꾸밀 수 있다. 폴리포디움Polypodium이라는 이름은 그리스어로 "4발의"라는 뜻이다. 빠르게 뻗어 나가는 뿌리줄기 때문에 붙은 이름이다.

폴리포디움 캄브리쿰
Polypodium cambricum
- Southern Polypody 혹은 Welsh Polypody
키 15~30cm
장소 양지에서 반그늘까지, 습한 토양
내한성 구역 8
식재 간격 25cm
상록성이다. 여름이 저물 동안 오래된 잎이 죽고 늦여름이나 가을에 새잎이 돋아난다. 아름다운 품종이 많은데, 대부분 양치 열풍이 불었던 시절에 개량한 종이다.
품종
크리스타툼 군 Cristatum Group 잎의 끝이 깃털 모양이고 갈라져 있다.
풀체리뭄 군 Pulcherrimum Group 잎이 깃털 모양이고 좌우 대칭이 아니어서 살짝 정신없는 모양새이다.

폴리오디움 글리시리자
Polypodium glycyrrhiza
- Licorice Fern
키 30cm
장소 양지에서 반그늘까지, 습한 토양
내한성 구역 8
식재 간격 25cm
자연에서는 보통 북미 단풍나무의 착생식물로 자란다. 상록의 잎은 여름에는 나지 않다가 여름이 저물 무렵에 나기 시작한다. 정원에 심을 때는 살짝 습하거나 습한 토양의 반그늘에 지피식물로 쓰면 잘 자란다. 혹은 늪지에 한 포기씩 심어도 좋다.

폴리포디움 만토니아에 "코르누비엔세"
Polypodium x mantoniae 'cornubiense'
키 30cm
장소 양지에서 반그늘까지, 습한 토양
내한성 구역 8
식재 간격 25cm
미역고사리P. vulgare와 폴리포디움 인터젝툼 P. interjectum의 잡종이다. 양치식물 광풍이 불었던 빅토리아 시대에 개량한 오래된 품종이며, 두 종의 잡종이므로 잎 모양이 개체마다 조금씩 다를 수 있다.

폴리포디움 인터젝툼
Polypodium interjectum
- Intermediate Polypody
키 30cm
장소 양지에서 반그늘까지, 습한 토양
내한성 구역 8
식재 간격 25cm
미역고사리P.vulgare와 정말 닮아서 미역고사리 잡종이나 아종으로 분류하는 사람이 많다. 하지만 미역고사리보다 훨씬 추위에 약하다.

폴리포디움 불가레
Polypodium vulgare
- 미역고사리Common Polypody
키 15~30cm
장소 양지에서 반그늘까지
내한성 구역 3
식재 간격 25cm
추위를 잘 견디는 상록성의 작은 양치식물로, 정원에서는 아주 다양하게 사용할 수 있다. 담벼락과 돌 많은 장소에 심어도 잘 자라고 숲정원이나 다른 반그늘의 장소에 지피식물로 심어도 좋다. 토양은 습하면서도 통기성이 좋아야 하지만, 짧은 기간의 가뭄은 견딜 수 있다.
품종
비피도 물티피둠 Bifido Multifidum 잎 끝이 포크 모양으로 갈라진다.
크리스타툼Cristatum
크리스품Crispum
엘레간티시뭄Elegantissimum

십자고사리 *POLYSTICHUM*

잎자루가 두껍고 갈색인 상록성 양치식물이다. 이 속의 특징은 홀씨주머니를 덮은 방패 모양의 포막이다. 중부유럽의 겨울은 잘 견디지만 차갑고 습한 토양에 예민하므로 월동준비가 필요하다. 폴리스티쿰 Polystichum이라는 학명은 그리스어 "폴리poly"(많은)와 "스티코스"(대열)에서 나왔다. 잎 밑면에 홀씨주머니가 여러 열을 지어 있는 모습에서 붙은 이름이다.

폴리스티쿰 아크로스티코이데스
Polystichum acrostichoides
- 크리스마스 고사리Christmas Fern
키 30~50cm
장소 반그늘에서 그늘까지
내한성 구역 3
식재 간격 50cm
추위를 잘 견디는 상록성 양치식물로 장소를 가리지 않고 잘 자란다. 그늘진 곳을 좋아하기는 하지만 정원 어디나 심을 수 있다. 홀씨를 통해 쉽게 번식한다. 추운 지방의 정원에는 꼭 심어야 할 종이다.
품종
크리스품Crispum
크리스타툼Cristatum
인키숨Incisum
물티피둠Multifidum

폴리스티쿰 아쿨레아툼
Polystichum aculeatum
- 털개관중Hairy Holly Fern
키 40~60cm
장소 반그늘에서 그늘까지, 습한 토양
내한성 구역 3
식재 간격 50cm
덤불을 이루며 자라는 상록성 양치식물이다. 숲정원이라면 가장 좋은 조건이겠지만, 그늘에서 반그늘까지, 통기성이 좋은 습한 토양에서는 대체로 아주 잘 자란다.

폴리스티쿰 브라우니
Polystichum braunii
- 좀나도히초미Braun's Holly Fern
키 40cm
장소 반그늘에서 그늘까지, 습한 토양
내한성 구역 6~7
식재 간격 60cm
털개관중Polystichum aculeatum과 생김새도, 좋아하는 장소도 비슷하지만, 추위를 견디는 능력은 떨어진다.

폴리스티쿰 마키노이
Polystichum makinoi
- 윤개관중Makino's Shield Fern
키 70cm
장소 반그늘, 습한 토양
내한성 구역 6~7
식재 간격 40cm
반짝이는 올리브 그린색 잎과 덤불을 이루며 자라는 모습이 너무도 아름다워 정원의 보석 같다. 봄에 피어나는 새순은 큰 비늘로 덮여 있다.

폴리스티쿰 무니툼
Polystichum munitum
- Western Sword Fern
키 70~120cm
장소 반그늘
내한성 구역 8
식재 간격 40cm
직사광선이 내리쬐는 장소만 아니면 어디서나 잘 자라므로 키우기가 쉽다. 연초록색 잎과 연갈색 잎자루가 무척이나 매력적이다. 월동준비가 필요하다.
품종
크레스티드Crested
크리스피드 폼 Crisped Form

폴리스티쿰 폴리베파룸
Polystichum polyblepharum
- 나도히초미Japanese Lace Fern
키 50~60cm
장소 반그늘에서 그늘까지, 습한 토양
내한성 구역 6~7
식재 간격 60cm
숲정원이나 그늘진 곳에 심으면 정말 예쁘다. 봄에 피는 새순은 황금색 털로 덮여 있지만 자라면서 반짝이는 진녹색 잎으로 변한다.

폴리스티쿰 레트로소팔레아세움
Polystichum retrosopaleaceum
- **비늘개관중**Narrow Tassel Fern
키 50~60cm
장소 반그늘에서 그늘까지, 습한 토양
내한성 구역 6~7
식재 간격 40cm
키우기가 쉬운 양치식물로 숲정원, 늪지, 그 비슷한 곳에서 잘 자란다. 아주 이른 봄에 잎을 펼치므로 봄맞이 식물로 최고이다. 앞서 65쪽에서 소개한 폴리스티쿰 무니툼Polystichum munitum과 비슷하다.

폴리스티쿰 추스시멘세
Polystichum tsus-simense
- **큰개관중 혹은 검정개관중**Korean Rock Fern
키 20~30cm
장소 반그늘에서 그늘까지, 습한 토양
내한성 구역 8
식재 간격 35cm
피침 모양의 진녹색 잎은 가장자리가 중맥까지 깃털처럼 갈라져 있다. 추위를 잘 견디는 편은 아니어서 월동준비가 필요할 수 있다. 화분에 심어도 잘 자란다.

폴리스티쿰 세티페룸
Polystichum setiferum
- **Soft Shield Fern**
키 40~60cm
장소 반그늘에서 그늘까지, 습한 토양
내한성 구역 6~7
식재 간격 50cm
숲정원처럼 그늘진 장소에서 잘 자라는 매력적인 식물이다. 잎자루가 튼튼하게 잘 자라는 강렬한 황금빛 갈색이어서 특히 장식 효과가 크다. 환경이 좋으면 겨울에도 푸른 잎을 간직한다.
품종
아쿠틸로붐Acutilobum
베비스Bevis 부드러운 잎이 정말 예쁘다.
카피타툼Capitatum
크리스타툼 군 Cristatum Group 주름지고 갈라진 잎과 잎끝이 깔때기 모양으로 자란다.
- **라모숨**Ramosum
- **달렘**Dahlem 잎이 광택 없는 초록빛이다.
디비실로붐 군 Divisilobum Group 잎자루가 매우 인상적이며, 잎은 좁고 작다.
- **헤렌하우젠**Herrenhausen 흑녹빛을 띤 미세한 깃털 잎
- **리네아레**Lineare 폭 좁은 깃털 잎이 미세하고 체계적인 선을 그리며 난다. 그래서 약간 해골 같은 느낌이 난다.
난테스Nantes
플루모숨 덴숨 Plumosum Densum 빽빽하게 자라며 고운 깃털 잎을 달고 있다.
플루모숨 그라실리뭄 Plumosum gracillimum
프로리페룸Proliferum 키우기도 쉽고 깃털 잎도 너무 예쁘다.
풀체리뭄 몰리스 그린 Pulcherrimum Moly's Green
로툰다툼Rotundatum
와케레야눔Wakeleyanum

폴리스티쿰 시포필룸
Polystichum xiphophyllum
- **Silver Sabre Fern**
키 30~45cm
장소 그늘
내한성 구역 8
식재 간격 35cm
좀 특별하게 생겼지만 장식 효과는 뛰어나다. 아시아가 고향으로, 반짝이는 잎은 여러 가지 색을 띨 수 있어서 다른 그늘 식물 밑에 심으면 좋다. 추위를 잘 견디는 편이 아니어서 화분에 심어 집안에서 겨울을 나는 편이 낫다.

처녀고사리 *THELYPTERIS*
젖은 땅이나 늪지에서 잘 자란다. 부드러운 연초록 잎을 매달며, 키가 많이 자라지 않는다. 텔리프테리스Thelypteris라는 이름은 그리스어 "텔리스"(여성의)와 "프테리스"(양치식물)을 결합한 "여성의 양치"라는 뜻으로 키가 작고 귀여운 모습 때문에 붙은 이름이다.

텔리프테리스 파울루스트리스
Thelypteris palustris
- **처녀고사리**Marsh Fern
키 20~60cm
장소 양지에서 반그늘까지, 습한 토양
내한성 구역 3
식재 간격 35cm
키가 작고 부드러운 초록 잎이 살짝 비틀렸다. 습지고사리Marsh Fern라는 영어 이름처럼 젖은 땅을 좋아해서 연못 바로 옆에 (최대 10cm 깊이로) 심으면 가장 잘 자란다. 젖은 땅이라면 해가 드는 곳에서 반그늘까지 잘 자라지만 가뭄은 못 참는다.

텔리프테리스 시물라타
Thelypteris simulata - Bog Fern
키 20~60cm
장소 양지에서 반그늘까지, 습한 토양
내한성 구역 3
식재 간격 35cm
북미가 고향이고, 정원에서는 위에서 설명한 처녀고사리T. palustris처럼 심고 키우면 된다.

가물고사리 *WOODSIA*

상대적으로 키가 작은 이 속은 온대가 고향이지만 지금은 전 세계로 퍼져나가 산악 지대에서도 살고 있다. 대부분 돌이 많은 장소에서 작은 무리를 지어 자란다. 잎 밑면에 붙은 포막이 별 모양인 것이 이 속의 특징으로, 장식 효과가 뛰어나다. 우드시아Woodsia는 열정적인 양치식물 수집가였던 영국의 식물학자이자 건축학자 조셉 우즈Joseph Woods, 1776–1864를 기리는 이름이다.

우드시아 옵투사 *Woodsia obtusa*
- Blunt-Lobed Woodsia
키 35cm
장소 반그늘에서 그늘까지
내한성 구역 3
식재 간격 30cm
미세한 깃털 모양의 연초록 잎을 매단 상록성 양치식물이다. 돌이 많은 곳, 작은 화단이나 숲 정원에 잘 어울린다. 토양에 약간의 습기가 있는 것은 괜찮지만 (모래가 많아) 통기성이 좋아야 한다.

우드시아 폴리스티코이데스
Woodsia polystichoides
- 우드풀 Holly Fern Woodsia
키 15~30cm
장소 반그늘
내한성 구역 6~7
식재 간격 30cm
암석정원이나 돌이 많은 장소를 아름답게 꾸며주는 예쁜 양치식물이다. 어여쁜 연녹색을 띄며 곧게 자라는 깃털 잎과 회백색 잎자루가 특징이다.

새깃아재비 *WOODWARDIA*

새깃아재비속의 대다수 종은 정원에 심기 좋지만, 추위를 잘 견디는 종은 많지 않다. 따라서 화분에 심어 실내에서 겨울을 난 후 다시 정원으로 옮기거나 아예 실내에서 키우는 것이 좋다. 우드워디아 Woodwardia는 영국 식물학자 토머스 우드워드Thomas Woodward, 1745–1820를 기리는 이름이다.

우드워디아 아레올라타
Woodwardia areolata
- Netted Chain Fern
키 30~50cm
장소 반그늘에서 그늘까지, 습한 토양
내한성 구역 3
식재 간격 40cm
pH가 낮은 습한 토양에서 잘 자란다. 환경이 좋으면 왕성하게 번식하므로 넉넉한 자리를 마련해주어야 한다. 연녹색 잎의 잎맥이 매력적인 그물 무늬이다.

우드워디아 버지니카
Woodwardia virginica
- Virginia Chain Fern
키 30~60cm
장소 양지에서 반그늘까지, 습한 토양
내한성 구역 3
식재 간격 40cm
pH가 낮은 습한 토양을 좋아한다. 조건이 맞으면 왕성하게 번식한다. 따라서 마땅히 심을 식물이 없는 젖은 토양에 안성맞춤이다.

골고사리, 크리스타툼
Asplenium scolopendrium 'Cristatum'

서양개고사리, 프리젤리아에
Athyrium filix-femina 'Frizelliae'

드리오프테리스 아피니스, 크리스파 그라실리스
Drypotheris affinis 'Crispa Gracilis'

폴리포디움 캄브리쿰, 풀체리뭄 군
Polypodium cambricum 'pulcherrimum-Group'

은청개고사리, 픽툼
Athyrium niponicum 'Pictum'

은청개고사리, 애플 쿼트
Athyrium niponicum 'Apple Court'

미역고사리, 비피도 물티피둠
Polypodium vulgare 'Bifido Multifidum'

폴리스티쿰 세티페룸, 크리스타툼 군
Polystichum setiferum 'Cristatum-Group'

정원에서

양치식물 키우기

정원이 양치식물

양치식물이 구석의 그늘진 자리로 밀려나 조연 역할밖에 하지 못하는 정원을 많이 만난다. 애석하기가 이를 데 없다. 정원을 가꾸는 사람들이 꿈꾸는 수없이 많은 것들을 양치식물이 다 줄 수 있는데 말이다. 양치식물은 정말로 온갖 모양과 크기, 색깔과 형태를 선사한다. 물론 많은 양치식물이 그늘에서 자라지만, 정원 어디에나 각기 안성맞춤인 종이 있다. 그러니 이제 정원 곳곳에 마음껏 양치식물을 심어볼 때이다.

올바른 선택

정원에 심을 식물을 고를 때는 식물이 좋아하는 장소를 먼저 생각해야 한다. 물이 필요한 식물을 마른 땅에 심으면 안 된다. 식물이 가진 잠재력을 다 펴지 못할 테니 당연히 정원 주인도 기대하던 효과도 거두지 못할 것이다. 아마 식물은 시들시들할 것이고 병에도 잘 걸릴 것이다.

　양치식물만큼 다양한 환경에서 자랄 수 있는 식물군은 그리 많지 않다. 덕분에 양치식물은 가정에서도 공원에서도 다양하게 활용된다. 양치식물은 원래가 성긴 숲에서 자라는 야생 식물이다. 그런 숲의 나무 아래, 햇빛이 나무의 잎을 지나오며 반그늘을 만들어 토양의 습도가 상대적으로 높은 곳에서 잘 자란다. 따라서 양치식물을 잘 키우려면 그런 환경을 흉내 내야 한다.

　자신의 정원과 비슷한 자연환경에서 어떤 양치식물이 자라는지를 알면 정원에 어떤 종을 심을 수 있는지, 또 심은 양치식물이 어떻게 자랄지를 예상할수 있다. 청나래고사리처럼 번식력이 강한 양치식물은 아마 정원에 심으면 거침없이 뻗어 나갈 것이다. 그러니 그 점을 유의해서 선택해야 한다. 자연에서특별한 장소에서만 자라는 종은 정원에서 키우기가 쉽지 않다. 가령 바위에서자라는 종에게 알맞은 환경을 조성해주려면 엄청난 시간과 돈과 노력을 투자해야 할 테니 말이다.

우리가 사는 곳 근처의 숲에서 자라는 대부분의 양치식물은 시중에서 살 수 있다. 그리고 데려와 정원에 심어도 아마 잘 자랄 것이다. 자라던 자연과 비슷한 환경을 조성해준다면 더할 나위가 없을 것이다. 양치식물은 수많은 속과 종이 있고, 그보다 더 많은 품종을 거느렸다. 대부분은 반그늘이나 그늘진 곳, 습한 토양을 좋아하지만 마른 땅, 내리쬐는 햇빛을 사랑하는 녀석들도 있다. 실제로 모든 형태의 정원에는, 또 정원의 모든 구역에는 그곳에 딱 맞는 안성맞춤 양치식물이 하나씩은 있다.

특히 숲정원이 양치식물을 심기에는 가장 적당하다. 물론 그곳은 진짜 숲이 아니라 숲과 비슷하게 만든 인공 숲이다. 그래도 숲정원에서는 나무가 아늑하게 그늘을 드리우므로 양치식물이 잘 자랄 완벽한 환경을 만들어 준다.

숲정원을 만들 때는 장기적인 안목이 필요하다. 일단 나무가 공장에서 만드는 물건처럼 하루아침에 뚝딱 자라지 않는다. 그리고 나무가 어느 정도 자라서 그늘을 드리워야 양치식물과 다른 식물을 그 아래에 심을 수 있다. 그래도 기다림의 시간은 충분한 보상으로 돌아 온다. 양치식물이 잘 자랄 수 있는 적절한 조건이 만들어질 테니 말이다. 너무 초조하게 굴면 정원이 계획대로 꾸며지지 않을 위험이 있다.

양치식물과 토양

양치식물을 잘 키우려면 자기 정원의 토양에 대해서도 잘 알아야 한다. 토양의 조건에 따라 키울 수 있는 양치식물 종이 달라지기 때문이다. 또 특별한 토양에서만 자라는 양치식물도 있으니, 먼저 자기 정원의 흙이 어떤 유형인지 살펴보자.

산성 토양과 알칼리성 토양

산성 토양에서만 자라는 속이 있는가 하면 알칼리성 토양에서만 자라는 속이 있다. pH 가가 낮아야 하는 양치식물은 침엽수 아래에 심으면 좋다. 물론 산성과 알칼리성을 가리지 않고 대체로 어디서나 잘 크는 양치식물도 있다. 토양의 산도를 바꾸기란 쉽지 않다. 노력해서 바꾸어도 얼마 못 가 다시 원래의 pH 가로 돌아간다. 따라서 정원에 심을 식물을 고르기 전에 토양의 산도부터 확인하고 그에 맞는 종을 선택하는 것이 좋다.

그늘과 수분

양치식물은 보통 그늘 식물이다. 햇빛이 강하면 잎이 타버린다. 또 흙이 축축해야 한다. 흙에 수분이 남아 있으려면 아무래도 그늘이 짙어야 할 것이다. 물론 예외는 있다. 청나래고사리, 개고사리, 골고사리는 그늘에서도 잘 자라지만 해가 쬐어도 잘 자란다. 또 많은 양치식물이 수분이 많아야 잘 자라지만 그렇다고 물속에 온종일 잠겨 있어야 한다는 뜻은 아니다. 습기를 보존하면서도 통기성이 좋은 토양이 가장 바람직하다.

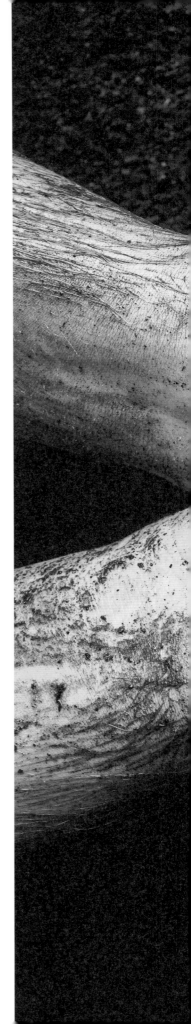

키우는 방법

거름과 토질 개선

양치식물은 거름을 너무 많이 주면 안 된다. 뿌리가 쉽게 타서 최악의 경우 식물이 죽는다. 양분은 1년에 한 번, 주로 봄에 땅에다 뿌리는 퇴비로 충분하다. 생육이 나쁜 것은 양분 부족이라기보다 수분 조절 실패 탓인 경우가 더 많다. 정원의 토질과 관계없이 유기물을 충분히 주는 것은 바람직하고, 대부분 그것만으로 충분하다.

봄에 시든 잎을 잘게 부수는 것으로 시작하자. 거기에다 배양토처럼 충분히 썩힌 유기물질을 첨가한다. 거기 든 부식물 덕분에 땅의 통기성이 좋아진다. 유기물질은 토양의 미생물을 키워 더욱 생명력 넘치는 토양을 만든다. 미생물 활성이 높은 토양은 물과 양분을 잘 저장하고 토양구조를 개선하여 식물을 더 건강하게 만든다. 더구나 지속적인 배양토의 유입으로 제일 위쪽의 토양층이

부드러워 작업하기가 수월하므로 잡초를 쉽게 뽑을 수 있다.

　　그래도 거름이 필요하다면 가축분뇨나 액상 비료를 뿌릴 수는 있겠다. 중요한 것은 질소 함량이 낮은 완효성 비료*이어야 하므로, 닭똥이나 그 비슷한 것은 적합하지 않다. 시중에서 구할 수 있는 영양제도 보통은 너무 강해서 앞에서도 말했듯 뿌리가 타기 쉽고 심한 경우 식물이 말라죽을 수 있다.

* 효과가 천천히 나타나는 비료

농약

농약의 필요성도 최소이다. 건강한 식물을 골라 적절한 곳에 심으면 병에 잘 걸리지 않는다.

온도

겨울에 기온 차이가 크면 뿌리줄기가 땅 밖으로 밀려 나온다. 그렇게 되면 습기가 없어져 마르기 쉽고 다치기도 쉽다. 따라서 겨울에는 뿌리줄기를 낙엽으로 덮어주는 것이 좋다. 봄에 낙엽이 마르면 그 잎을 손가락으로 비벼서 땅에 뿌린다. 낙엽을 그대로 두면 양치식물이 질식할 위험이 있다.

도구보다 손으로

양치식물을 심은 화단에 들어갈 때는 조심해야 한다. 특히 뿌리줄기를 건드리지 않도록 신경 써야 한다. 새로운 성장은 모조리 뿌리줄기에서 나오므로 뿌리줄기가 상하면 성장이 나빠지고, 심한 경우 식물이 죽는다. 또 양치식물은 보통 뿌리가 매우 얕아서 땅을 심하게 파헤치면 다치기가 쉽다.

　　실수로라도 뿌리줄기와 뿌리를 밟지 않으려면 양치식물 정원에 길을 내거나 발판을 놓아두는 것이 좋다. 갈퀴나 호미 같은 원예 도구를 사용할 때는 특히 조심하고, 물 호스가 잎줄기를 부러뜨릴 수 있으니 화단 사이로는 물 호스를 끌어들이지 않는 것이 좋다.

양치식물 화단에서 작업할 때는 얕은 뿌리와 뿌리줄기가 다칠 수 있으므로 조심해야 한다. 사실상 맨손 작업이 가장 좋다.

무성 번식

포기나누기

대부분의 다년초가 그렇듯 양치식물 역시 포기나누기가 가능하며, 이미 양치
식물을 키우고 있다면 사실 이것이 새 식물을 얻을 수 있는 가장 간단한 방법
이다. 시기는 봄이 가장 좋다. 다만 나눌 때 뿌리에 흙이 최대한 많이 붙어 있
도록 신경 써야 한다. 그래야 뿌리가 다치지 않고 새 식물이 더 빨리 자란다.

폴리포디움 속의 특정 종들처럼 뿌리줄기가 휘감아 오르는 양치식물은 파
내서 예리한 칼로 자르면 된다. 물론 너무 잘게 조각을 내면 안 된다. 뿌리줄
기 조각의 크기가 커야 생존율도 높다. 자른 조각을 화분이나 화단에 직접 심
는다.

조각마다 완전한 잎이 적어도 한 장은 달려 있어야 한다. 심을 때는 생장점
이 다치지 않게, 또 땅 위로 나오게 해야 한다. 첫 성장기에는 토양의 습기가
고르게 유지되어야 한다.

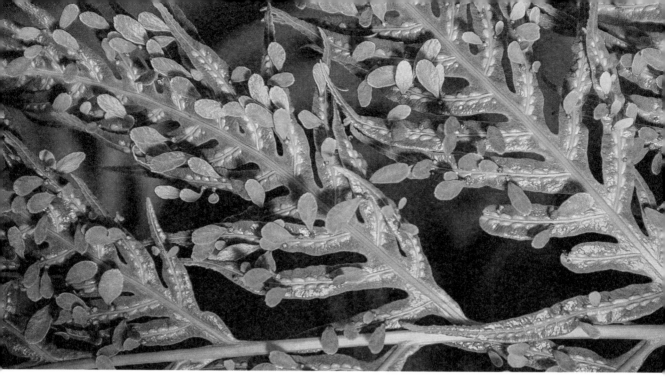

알뿌리

알뿌리는 알 모양으로 살이 쪄 양분을 저장한 땅 속 줄기나 뿌리로, 백합과 부추아과 식물Allioidae에게서 볼 수 있다. 보통의 씨앗처럼 파종할 수 있는데, 이 방법이 포기나누기보다 훨씬 더 많은 수의 식물을 얻을 수 있다. 알뿌리는 무성생식으로 생기므로 태어난 새 식물은 엄마와 유전자가 같다. 폴리스티쿰 세티페룸Polystichum setiferum의 많은 품종이 그러하듯 몇몇 양치식물은 중축이나 우축을 따라 알뿌리를 만든다.

이렇게 하세요

- 가을에 종자 상자에 양분이 적은 배양토나 파종토를 깔고 알뿌리가 달린 잎을 잘라 내서 그 위에 놓은 후, 수분 유지를 위해 비닐로 덮는다. 상자를 약 18~20도 되는 환한 장소에 놓아둔다. 싹이 터서 잎이 2~3개 달리면 작은 화분에 심는다. 이때 깊이는 종자 상자에 있던 깊이를 유지해야 한다. 너무 깊이 심으면 줄기가 썩어 식물이 죽는다. 약 6~9달이 지나면 정원으로 옮겨심어도 괜찮다.
- 실내에 둘 형편이 안 되면 알뿌리가 달린 잎을 엄마 식물에게 맡겨도 좋다. 휘묻이처럼 잎을 땅에 꾹 눌러준 후 그 위에 양분 적은 흙을 얇게 덮는다. 봄이 되면 작은 식물이 바로 그 자리에서 자랄 것이다. 그럼 시간이 좀 지난 후 파서 작은 화분에 심어 여름 내내 키운 후 가을에 바깥에 심으면 된다.
- 크리스타툼Christatum 같은 골고사리Asplenium scolopendrium의 여러 품종이 그러하듯, 많은 양치식물은 잎 바닥에 알뿌리가 달린다. 그런 양치식물은 봄에 식물 일부를 잘라서 번식시킬 수 있는데, 잎 바닥 조각이 달려 있어야 한다. 조각을 약 2cm 크기로 잘라 뒤집어서, 즉 잎 바닥이 위로 오게 하여 파종토가 갈린 화분에 놓아둔다. 화분은 환한 장소를 골라 상온에 둔다. 이때에도 싹이 틀 때까지는 수분 유지를 위해 비닐을 덮는 것이 좋다. 1년 정도 화분에서 키운 다음 정원에 내다 심으면 된다.
- 작업할 때는 항상 깨끗한 화분이나 도구를 사용해야 한다.

홀씨 번식

유성 번식시키기

홀씨로 양치식물을 번식시키려면 시간이 오래 걸린다. 씨를 뿌려서 바깥으로 옮겨심을 때까지 몇 해가 걸릴 수 있다. 그렇지만 양치식물을 정말로 사랑한다면 자기만의 식물을 키워 그 성장 과정을 지켜보는 재미가 고생을 보상해주고도 남음이 있을 것이다. 시간은 걸리지만 어렵지는 않다. 물론 홀씨를 수집하여 제대로 보관하는 방법을 알아야 하고, 위생에도 신경을 써야 한다.

홀씨 모으기

홀씨는 일단 익어야 채집을 할 수 있다. 익는 시기는 속과 종에 따라 늦여름에서부터 가을까지이다. 잘 익은 홀씨주머니는 보통 흑갈색에서 검은색을 띠고, 일부는 홀씨를 보호하는 포막으로 덮여 있다. 아직 익지 않은 홀씨는 색이 희미하다. 홀씨주머니가 터졌다면 홀씨는 이미 빠져나와 바람에 실려 가버렸을 것이다.

폴리포디움 속Polypodium의 많은 종은 잘 익은 홀씨의 색이 노랑이며, 고비속Osmunda, 오노클레아속Onoclea, 청나래고사리속Matteuccia 같은 다른 속들은 초록이나 주황색이다. 또 속에 따라 익은 홀씨의 모양도 다르므로, 자기 정원의 양치식물을 잘 알려면 시즌 내내 익는 과정을 관찰할 필요가 있다. 맨눈으로는 홀씨가 안 보이는 종도 많아서, 이럴 때는 확대경이 좋은 방법이다.

홀씨주머니의 일부가 두꺼운 세포층으로 둘러싸여 있는 종들도 있다. 이 세포층을 구환Annulus라고 부른다. 홀씨주머니 안쪽에서 홀씨가 익으면 구환이 터지면서 홀씨주머니를 뒤로 밀어 새총처럼 홀씨를 튕겨 내보낸다. 그럼 바람이 홀씨를 실어 멀리멀리 데려간다.

홀씨 새총
익은 홀씨가 홀씨주머니 밖으로 튕겨나간다.

어른들께 배우는 지혜

"양치식물 홀씨를 뿌릴 최적기는 봄이다. 공기가 잘 통하는 종자 그릇이나 3~4 줄 크기의 화분에 뿌리는데, 화분에 반쯤 썩힌 부식토를 2/3 정도 채우고 그 위에 홀씨를 뿌린 후 유리판으로 화분을 덮는다. 그리고 따스한 벤치에 올려두거나 따뜻한 온실에 넣어두는데, 습기를 일정하게 유지하고 살짝 그늘진 장소가 좋다. 물을 줄 때는 대야에 물을 받아 화분을 그 안에 푹 빠뜨리는 방법이 가장 좋다. 씨를 뿌린 후 약 6주가 지나면 새순이 올라온다. 잎이 자라면 작은 화분으로 옮겨심고, 다른 식물들처럼 습기를 일정하게 유지하며 살짝 그늘지게 해서 키우면 된다. 양치식물이 가장 좋아하는 흙은 모래를 섞은 부엽토이다."

- 〈스웨덴 원예 가이드북〉, 에릭 린드그렌, 악셀 필, 게오르그 뢰베그렌, 1890년

이렇게 하면 됩니다

1. 드리오프테리스
오레아데스
*Drypoteris
oreades*

2. 드리오프테리스
아피니스
*Drypoteris
affinis*

3. 가래고사리
*Phegopteris
connectilis*

1단계 – 홀씨를 모은다

- 잎에 매달린 홀씨가 다 익거든 잎을 잘라서 홀씨를 떼어낸다.
- 같은 종의 여러 개체의 잎을 써야 유전적 다양성이 높아져서 튼튼한 후손을 얻을 수 있다.
- 잎에 다른 홀씨나 씨앗, 병원균이 묻었을 수 있으니 비누를 살짝 탄 물로 잎을 살살 씻는다.
- 홀씨 달린 잎을 아래로 향하게 하여 흰 종이에 올려둔다.
- 하루 이틀 지나면 홀씨가 떨어져나와 종이에 떨어진다. 대체로 흑갈색이나 노란색 가루이다.
- 며칠이 지나도 홀씨가 떨어지지 않을 때는 등불을 비춰준다. 등불의 열기 탓에 홀씨가 홀씨주머니에서 떨어져나온다.
- 균류나 해조류, 이끼 같은 다른 유기체가 홀씨에 섞이지 않도록 빈 홀씨주머니와 다른 쓰레기는 제거한다. 가장 간단한 방법은 종이를 기울여 밑면을 톡톡 치면 쓰레기가 종이에서 미끄러지고 무거운 홀씨만 남는다. 그냥 핀셋으로 홀씨주머니를 집어내어도 된다.
- 종이를 씨앗 봉지처럼 접는다.
- 대부분의 종은 차가운 곳이라면 몇 달 동안 씨앗을 보관할 수 있다.
- 그러나 고비속처럼 싹트는 힘을 빨리 잃는 예민한 종이 있다. 이런 종의 홀씨는 가을에 홀씨가 익으면 따서 바로 뿌리거나 잠깐 보관했다가 곧장 뿌려야 한다.

2단계 – 홀씨를 꺼내 뿌린다.

- 가을에 모아둔 홀씨는 2~3월에 뿌리는 것이 가장 좋다.
- 화분과 흙은 살균해야 한다.
- 지퍼백에 흙을 넣고 화분과 함께 최소 20분 동안 끓인다. 그래야 균이 다 죽는다.
- 정원의 낙엽을 썩혀 만든 부엽토나 시중에서 살 수 있는 파종토처럼 양분이 적고 통기성이 좋은 흙을 택해야 물을 잘 저장한다.
- 화분에 흙을 채우고 흙이 완전히 젖을 때까지 물을 흠뻑 준다. 화분은 바닥에 구멍이 뚫려야 남은 물이 흘러나갈 수 있다.
- 살균하거나 끓인 물만 쓴다.
- 흙 표면에 홀씨를 최대한 얇게 뿌린다. 바람에 홀씨가 날려갈지 모르니 화분은 실내에 둔다. 실내에 있으면 공기로 전염되는 질병도 예방할 수 있다.

3단계 – 싹틔우기

- 깨끗한 호일로 홀씨를 덮거나 화분을 깨끗한 비닐봉지에 넣어 하루 이틀 어두운 장소에 둔다.

- 화분을 상온의 환한 장소로 옮긴다. 밝지만 해가 직접 내리쬐는 곳은 피한다.
- 기온은 16~20도 사이가 좋지만, 더 중요한 것은 기온이 일정하게 유지되는 것이다.
- 물이 담긴 그릇이나 받침대에 화분을 놓아서 습도를 유지하자. 물은 살균수를 쓴다.
- 싹 트는 시기는 종에 따라 다르지만 대부분 한두 달이다.
- 석 달 정도 지나면 전엽체가 나온다.
- 이 단계에선 일정한 습도 유지가 중요하다. 그래야 전엽체가 수정할 수 있다. 물을 줄 때는 화분을 물그릇에 담그거나, 매일 살짝 살균수로 전엽체를 샤워시킨다.

4단계 – 옮겨심기 더 키우기

- 홀씨를 뿌리다 보면 아무래도 식물 사이 간격이 좁다. 따라서 전엽체는 옮겨심는 것이 좋다.
- 핀으로 전엽체를 떠내서 살균한 새 화분에 심는다. 옆 친구 전엽체와의 간격은 약 2~3cm가 적당하다. 이 화분도 비닐 봉투에 집어넣어 싸맨다.
- 전엽체가 홀씨체로 자라는 기간은 종마다 다르다. 6~12개월 사이이다.
- 흙은 젖은 상태를 유지하며, 홀씨체가 나올 때까지는 비닐봉지를 잘 묶어둔다.
- 싹이 2~3개 나오면 재배 상자로 옮길 수 있다. 물론 한 포기씩 조심조심 옮겨야 하고 한 포기당 한 개의 화분을 배당해야 한다.
- 방금 심은 어린 식물은 조심하여 물을 주고, 다 자랄 때까지 호일로 덮어둔다. 다 자라고 나면 호일 벗기는 시간을 조금씩 늘려 천천히 적응을 시킨다.
- 약 5cm 정도 자라면 더 큰 화분으로 옮겨심을 수 있다.

5단계 – 단련시켜 내다 심기

- 식물이 그동안 편안한 환경에서 살았기 때문에 바깥 환경에 적응하기 위해서는 먼저 단련을 시켜야 한다. 조금씩 시간을 늘려가며 천천히 바깥 기후에 적응시키자.
- 3월에 홀씨를 뿌렸다면 보통 7, 8월에 화분으로 옮기고, 이듬해 봄에 정원에 내다심는다.

위생이 중요하다

아무리 위생에 신경을 써도 식물이 병에 걸릴 수 있다. 해조류와 이끼, 균류는 양치식물과 같은 습기 많은 환경에서 잘 자란다. 다행히 어린 양치식물은 다른 유기체들보다 가뭄을 잘 견딘다. 따라서 화분 통째로 물통에 담가 물을 주면 많은 질병을 예방할 수 있다. 그래도 병이 들면 핀셋으로 조심히 뽑아낸다. 그리고 비닐을 살짝 들추어 바람을 쐬어준다.

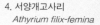

4. 서양개고사리
Athyrium filix-femina

5. 폴리스티쿰 세티페룸
Polystichum setiferum

6. 돌좀고사리
Asplenium ruta-muraria

7. 한들고사리
Cystopteris fragilis

8. 폴리포디움 캄브리쿰
Polypodium cambricum

9. 미역고사리
Polypodium vulgare

양치식물 심기

장소와 시기

추위를 잘 타는 품종은 춥지 않은 곳에 심어야 한다. 봄에는 바람막이를 한다고 해도 정원 제일 낮은 곳은 "냉기 집합소"가 될 수 있다.

양치식물을 심는 시점은 장소의 기후에 따라 달라진다. 보통은 봄이나 가을이 제일 좋다. 겨울에 비가 많고 눈이 드문 곳이라면 봄이 더 적당하다. 습기가 많아서 잎이 나기도 전에 뿌리가 썩어버릴 수 있다. 더구나 한겨울 추위나 해동기에 뿌리줄기가 땅 위로 밀려 올라올 수 있고, 그렇게 되면 가는 뿌리가 더 빨리 말라버린다. 하지만 흙에 공기가 잘 통하거나 땅이 어는 지역이라면 가을을 추천한다. 물을 많이 줄 필요가 없고 뿌리가 겨울이 오기 전에 자리를 잡아서 식물이 더 빠르게 자란다.

제철에 옮겨심거나 새로 심을 때는 잎을 반으로 갈라야 한다. 그래야 필요한 수분의 양이 줄어 식물이 더 빠르게 자란다. 뿌리가 잘 자라면 새잎은 금방 피어난다.

간격

심을 때 간격은 속과 종에 따라 다르지만 작은 식물은 약 30cm, 제일 큰 식물도 최고 1m를 넘지 않는 것이 좋다. 봄에는 식물이 얼마나 클지 가늠하기가 어렵다. 따라서 실제로 필요한 간격보다 더 자리를 많이 잡는 것이 좋다. 친구와 너무 붙어 있으면 불편해하는 양치식물이 많다.

양치식물은 화분이건, 그늘진 화단이건 정원을 아름답게 장식한다.

옮겨심기

다른 곳으로 옮겨 심고 싶을 때는 뿌리에 붙은 흙을 최대한 크게 파낸다. 그러려면 뿌리줄기와 뿌리가 얼마나 자랐는지 정확하게 살펴야 한다. 그래야 파낼 때 뿌리에 상처가 덜 난다. 뿌리가 들어갈 구덩이를 파고 식물을 그 구멍에 놓은 후 물을 충분히 준다. 이어 흙으로 구멍을 메우고 꾹꾹 눌러 다진 후 다시 한번 물을 준다.

화분에 심은 양치식물을 정원으로 옮기기

화분에서 식물을 덜어내서 조심조심 뿌리를 뜯어 분리한다. 화분의 흙이 뿌리로 가득 차 있을 때는 특히 이 작업이 중요하다. 안 그러면 나중에 정원에 심었을 때 뿌리가 주변 흙으로 뻗어 나가지 못해서 식물이 단단하게 서 있지 못한다.

최대한 기존의 정원 토양에다 심자. 구매한 흙에는 이탄이 너무 많이 들어 있다. 필요 이상으로 붙어 있는 뿌리의 흙은 제거하자. 특히 화분의 흙이 정원 화단의 흙과 전혀 다르다면 꼭 이 과정이 필요하다. 화분 흙에 이탄이 많이 들어 있다면 주변 흙보다 빨리 마른다. 그래서 주변 땅은 촉촉한데도 새로 심은 양치식물의 뿌리는 말라버릴 수 있다. 이런 사태를 예방하기 위해서는 뭉친 뿌리를 조심하여 나눠주고 식물을 심을 구멍에 물을 준 후 정원의 흙과 양질의 부식토를 섞어 구멍을 채운다. 알갱이가 약 2~4cm 크기의 굵은 자갈을 섞으면 통기성을 높여 가장 좋다.

화분에 있을 때와 같은 깊이로 심어야 한다. 양치식물의 뿌리줄기는 대부분 땅에서 자라기 때문에 너무 깊게 심으면 좋아하지 않는다. 심고 첫해에는 일주일에 1~2번 물을 정기적으로 듬뿍 준다.

흙이 없는 양치식물 심기

흙이 없는 식물은 쉽게 뿌리가 마르기 때문에 대부분 품질이 좋지 않다. 더구나 수송 과정에서 생장점이 다치기 쉽다. 이런 식물은 사지 않는 것이 최선이지만, 어쩌다 사게 되었다면 아래의 방법대로 해보자.

- 식물이 최대한 물을 많이 흡수하도록 몇 시간 동안 물에 담가놓는다.
- 식물을 화분에 심는다. 식물에게서 물을 빼앗지 않는 플라스틱 재질의 화분이 좋다.
- 식물이 마르면 안 된다. 수분이 유지되도록 살피자.
- 자라기 시작할 때까지 화분에 그대로 둔다. 성장을 시작하거든 그때 앞서 165쪽에서 설명한 방법대로 정원으로 옮겨심는다.

대형 화분에 심기

양치식물은 변신이 자유로워서 화분에 심으면 좋은 식물이다. 식물이 잘 자랄 수 있는 장소에 화분을 놓아두면 되니까, 화분에 심어서 정원 곳곳에 비치하면 정원을 다채롭게 꾸밀 수 있다. 또 양치식물 중에는 특별한 토양이 필요한 종이 많다. 가령 알칼리성 토양에서만 자라는 종이 있다. 화분에 심으면 식물의 필요를 손쉽게 채워줄 수 있다. 화분의 흙은 정원의 흙과 모래와 퇴비를 1:1:2로 섞어 사용한다.

화분은 벤치 옆이나 돌길, 나무뿌리가 흙을 휘감아 식물을 심기 힘든 곳에 잘 어울린다. 또 겨울에 따뜻한 장소로 옮길 수 있으므로 화분에 심으면 추위에 약한 양치식물도 잘 키울 수 있다.

서양개고사리 Lady fern
ATHYRIUM FILIX-FEMINA

키가 크고 깃털 잎이 곱고 예쁜 양치식물이다. 린네는 이 녀석이 자라는 방식이 여성스럽다고 느껴서 아티리움 필릭스 페미나Athyrium filix-femina라는 이름을 붙여주었다. 라틴어로 "필릭스filix"는 양치식물, "페미나femina"는 "여성스럽다"는 뜻이다. 그 반대로 힘찬 느낌을 풍기는 드리오프테리스 필릭스 마스Dryopteris filix mas는 수컷 양치류Male fern라고도 부른다.

위 : 왕관고비Osmunda regalis
아래 왼쪽 : 새순을 틔운 왕관고비
가운데 : 드리오프테리스 레피도
포다Dryopteris lepidopoda
오른쪽 : 은청개고사리Athyrium ni-
ponicum 애플 쿼트Apple Court

정원 꾸미기와 식물 아이디어

양치식물로 정원 꾸미기

어떤 식물을 심고 정원을 어떻게 꾸밀지를 고민할 때는 색과 선, 형태와 질감
texture, 크기 같은 몇 가지 기본 요소를 고려해야 한다. 양치식물은 이 모든 요
소를 골고루 갖춘 식물이다.

양치식물은 형태와 색깔이 너무나도 풍성하다.

색

색은 정원을 꾸미는 여러 요인 중에서 가장 중요하고 또 가장 강렬한 요인이다. 색에 따라 정원이 살기도 하고 죽기도 하니 말이다. 양치식물이라고 하면 일단 초록색을 먼저 떠올리지만 사실 봄에 나오는 어린잎과 새순을 덮은 털북숭이 비늘은 정말로 가지각색이다.

심지어 몇 종은 예쁜 낙엽 색깔을 띠기도 한다. 기본 색조는 초록이지만, 그 초록이 계절에 따라 여러 가지로 바뀐다. 홍지네고사리Dryopteris erythrosora가 대표적이다. 봄에 나오는 이 녀석의 잎은 청동색이지만 계절이 변하는 동안 기본색이 점점 더 짙어진다. 그래서 한 해 동안 거의 모든 초록색을 볼 수 있다.

식물의 색은 자라는 조건에 따라서도 바뀔 수 있다. 가령 많은 종의 새순은 연하고 청명하지만, 토양에 양분이 너무 부족하면 순이 작고 희미한 색이 된다. 이렇듯 식물을 잘 알면 그 식물로 원하는 효과를 낼 수 있다.

색깔이 화려한 양치식물

은청개고사리 "픽툼" *Athyrium niponicum* 'Pictum'
은청개고사리 "고스트" *Athyrium niponicum* 'Ghost'
은청개고사리 "그랜포드 뷰티" *Athyrium niponicum* 'Branford Beauty'
아티리움 오토포룸 바르 오카눔 *Athyrium otophorum var. okanum*
블레크눔 펜나 마리나 *Blechnum penna-marina*
홍지네고사리 *Dryopteris erythrosora*
왕관고비 "푸르푸라스켄스" *Osmunda regalis* 'Purpurascens'

선

선은 정원의 척추이다. 산울타리, 길과 화단 사이의 날카로운 모서리처럼 선이 분명한 곳도 있지만, 부드럽고 미세한 곳도 있다. 양치식물의 잎은 온갖 선을 만들어 정원에 그것만의 독특한 구조를 선사한다.

형태

양치식물은 모양도 다양하다. 똑바로 자라는 종은 구조와 안정성을 선사하고, 땅으로 향하는 잎은 유연하고 느긋한 분위기를 조성한다.

질감

양치식물은 아마도 가장 다양한 질감을 연출할 수 있는 식물군일 것이다. 덕분에 정원 꾸미기에서 빼놓을 수 없는 아주 중요한 요소이다. 질감이라고 하면 잎의 크기, 형태, 표면 상태를 의미한다. 크고 투박한 잎과 곱고 미세한 잎을 섞어 서로 다른 질감을 연출한다면 멋진 대비 효과를 거둘 수 있을 것이다.

담과 돌을 이용하여 양치식물의 효과를 높인다.

크기

정원의 크기와 비율을 정할 때는 식물의 크기가 중요하다. 양치식물은 일반적으로 다른 관상용 식물에 비해 크기가 작아서 세세한 부분을 꾸밀 때, 또 작은 정원에서 시선을 사로잡는 매력 포인트 역할로도 아주 적합하다. 넓은 면적에 양치식물을 심고 싶다면 많이 심어 무리를 지어주는 것이 좋다.

양치식물은 계속해서 위로 뻗어 올라가는 식물이 아니므로 나무고사리를 빼면 크기가 일정하다. 따라서 정원을 계획하고 각 식물에 할당할 면적을 계산하기가 수월하며, 화단을 조성할 때도 도움이 된다.

반복

색과 형태, 질감의 반복은 정원 꾸미기의 핵심이다. 가령 넓은 면적에 한 종의 양치식물만 심거나 정원 곳곳에 한 식물군을 반복하여 심는 식이다. 비슷한 질감의 여러 양치 종과 품종을 섞어 심어도 비슷한 효과가 난다. 하지만 뭐든 지나치면 안 좋듯이 식물의 반복도 과하면 따분하고 무미건조한 느낌이 나니 조심해야 한다.

매력 포인트

시선축visual axis은 사람들의 시선을 계속해서 정원 안쪽의 흥미로운 지점으로 이끈다. 직선, 정원의 벤치처럼 명확한 건축 요인은 빠르게 시선을 잡아끈다. 반대로 곡선과 부드러운 질감은 마음을 안정시킨다. 시선을 끄는 매력 포인트는 건물일 수도 있고 길 끝에 놓인 예술품이나 정원 가구일 수도 있지만, 눈에 띄는 질감의 식물이나 흥미로운 식물군일 수도 있다.

물 흐르듯 부드럽게 넘어간다

정원을 잘 꾸미려면 정원 통로 길이 물 흐르듯 부드럽게 이어져 관람객을 계속해서 정원 안으로 유인해야 한다. 그러자면 모퉁이를 돌 때마다 더 아름답고 더 흥미로운 것이 숨어 있어야 한다. 오솔길이나 의자, 멋진 전망도 유혹적이지만, 식물로 유인하는 것도 좋은 방법이다. 가령 폴리스티쿰 세티페룸은 질감이 부드러워 강한 인상을 풍기지 않는다. 따라서 화단 테두리에 둘러 심거나 화단에 무리 지어 심으면, 자연스럽게 그것보다 더 강렬한 인상을 주는 식물이나 장식으로 사람들의 눈길이 향하게 된다.

양치식물 정원에서 알뿌리 화초는 아름다운 파트너 식물이다. 일찍 피는 설강화 속은 상록성 양치식물과 잘 어울린다. 수선화는 돌돌 말린 양치식물의 새순을 보완하고 알리움은 청나래고사리의 연초록과 멋진 대조를 이룬다.

위 : 빅토리아 시대의 타일로, 양치식물 문양이 있다. 골고사리를 심은 분수의 일부.

가운데 : 목련과 어우러진 양치식물, 돌 화분에 심은 양치식물

아래 : 이끼로 뒤덮인 벤치 주변으로 양치식물을 빙 둘러 심었다.

숲정원

야생 양치식물 중에는 숲이 고향인 종이 많다. 따라서 숲속의 토지나 새로 조성한 숲정원 -규모가 작을 때는 그늘 정원이라고도 부른다- 에는 양치식물이 당연한 선택일 것이다. 정원에 심은 나무가 낙엽수이냐, 상록수이냐에 따라 그 아래에 심을 식물도 달라진다.

낙엽수 아래의 숲정원

낙엽수는 잎을 버리므로 낙엽수 숲은 늦가을부터 이듬해 봄까지 침엽수 숲보다 훨씬 환하다. 많은 양치식물이 낙엽수 숲을 좋아하고 그곳에서 겨울을 더 잘나는 이유는 눈이 더 쉽게 아래로 떨어져 내려 이불처럼 덮어주기 때문이다. 또 봄에 햇빛을 더 잘 활용할 수 있으며 여름에도 침엽수보다 우듬지를 지나오는 햇빛과 비가 더 많아서 움직이는 그늘과 젖은 땅을 좋아하는 많은 양치식물에게 가장 좋은 환경을 만들어준다.

낙엽수 숲정원의 또 한 가지 장점은 떨어진 잎이 침엽수보다 빨리 분해된다는 것이다. 따라서 토질이 좋아지고 더 많은 물을 저장하여 양치식물에게 이롭다. 떨어진 잎은 화단에 그대로 두어 썩히면 된다. 다만 참나무잎처럼 느리게 썩는 품종의 낙엽수는 낙엽이 너무 두껍게 쌓여 나무 아래의 식물들이 질식하거나 썩지 않도록 잘 나누어 일부는 걷어 내어야 한다.

추위에 강한 상록성 양치식물을 심었다면 가을에 낙엽에 완전히 파묻히지 않도록 잘 살펴야 한다. 낙엽에 덮여 있으면 봄에 광합성을 할 수 없다. 식물에게 광합성은 생명줄이다. 햇빛을 받아들여 햇빛 에너지로 물과 탄수화물을 당분과 산소로 바꾸는 과정이니 말이다.

상록수 아래의 숲정원

상록수 숲은 대부분 전나무, 소나무, 가문비나무 등의 침엽수 숲이다. 독일의 정원에는 노간주나무, 실측백나무도 많고, 또 기온이 더 따뜻한 지역에서는 체리 월계수Prunus laurocerasus 같은 상록수도 많이 심는다.

상록수 아래에 만든 숲정원은 우듬지가 빽빽해서 좋다. 햇빛과 물이 아래로 많이 떨어지지는 않지만, 우듬지 지붕이 빽빽한 덕에 겨울에 따뜻하고 일 년 내내 강풍을 막아준다. 덕분에 기후가 온화하여 추위에 약한 양치식물을 키우기 수월하다.

다만 땅에 떨어지는 비의 양이 너무 적어서 양치식물이 견디기 힘들 정도로 땅이 가물 수 있다. 따라서 성장기에는, 특히 가뭄이 심한 해에는 신경 써서 이따금 물을 주면 된다.

또 하나 중요한 점이 있다. 침엽수의 잎은 활엽수 잎보다 느리게 썩는다. 낙엽이 너무 두껍게 쌓일 수 있으니 일부 덜어내서 퇴비를 만드는 것이 좋다. 퇴비통에 넣어두면 땅에 그냥 두는 것보다 빨리 분해된다. 또 침엽수 부엽토는 양치식물이 좋아하는 약 알칼리성이다.

자연림이건 숲정원이건 숲에서는 침엽수도, 활엽수도 다 유익하다. 주변 자연에 어떤 나무가 사는지를 잘 살피고 그에 맞추어 나무를 선택하는 것이 가장 좋겠다.

나무는 워낙 물을 많이 먹으므로, 나무 밑에 사는 식물은 목이 타는 시기가 올 수밖에 없다. 따라서 숲정원에는 가뭄을 잘 견디는 양치식물이 바람직하다. 이렇듯 물과 양분을 많이 앗아가지만, 나무는 숲정원을 지탱하는 버팀목이다. 따라서 나무를 보호하고 소중히 다루어야 한다. 나무의 뿌리는 우리가 생각하는 것보다 훨씬 예민하다. 조금만 다쳐도 나무가 시름시름 앓고, 심하면 죽는다. 나무 밑의 땅을 팔 때는 너무 깊고 넓지 않도록 조심해야 한다.

양치식물을 작은 면적에 모아 심는 것도 한 방법이다. 그래야 나무뿌리를 다칠 위험이 줄 테니 말이다.

자연에 가깝게 내버려 두는 숲정원이라도 관리는 필요하다. 정기적인 가지치기도 그중 하나이다. 죽거나 상한 나뭇가지는 해마다 잘라내어야 빛이 땅에까지 잘 들어간다. 가지를 치다가 양치식물이 다칠 수도 있으므로 -7, 8, 9월에 가지를 치는 나무종이 아니라면- 두꺼운 가지는 겨울에 자르는 것이 좋다. 하지만 우듬지는 잎이 무성한 여름에 자른다. 그래야 가지치기의 결과를 잘 예상할 수 있다. 우듬지를 자른 자리에 빛이 떨어질 테니 그 아래의 식물에 어떤 효과가 날지 예상할 수 있는 것이다. 양치식물의 잎처럼 특색 있는 식물의 잎에는 아름다운 빛과 그림자의 놀이가 정말로 멋진 효과를 낼 수 있다.

하루 동안 해의 움직임을 생각해서 종일 해가 들 수 있게 가지를 자른다. 사람이 다니는 길보다는 식물 위쪽의 가지를 치는 것이 더 좋다. 특히 키가 큰 양치식물이나 지피식물에게는 온종일 이리저리 오가는 그림자가 멋진 효과를 낸다.

세공 질감을 띠는 우아한 양치식물은 이파리 위로 햇빛이 반짝이는 아주 환한 곳에서 가장 아름답게 빛난다. 또 매우 어두운 정원에는 잎이 반짝이거나 큰 양치식물을 심어야 한다. 큰 잎은 어두운 곳에서도 시선을 사로잡고, 반짝이는 잎은 빛이 조금만 들어도 그 빛을 반사하여 주변을 더 환하게 만든다.

숲정원에 심을 양치식물은 그늘도 잘 견디고 가뭄도 잘 견디는 종이 좋다. 양치식물 중에는 그늘을 좋아하면서 가뭄도 아주 잘 견디는 종이 많다. 만일 그중에서 마음에 드는 녀석이 없다면 물이 더 필요한 종을 골라서 성장기 동안 이따금 물을 주면 될 것이다. 이런 종은 물을 주기 좋은 위치나 정원에서 가장 습한 장소에 심어야 한다.

성장 환경이 좋으면 마구마구 번지는 양치식물이 있다. 당연히 주변 식물들이 피해를 본다. 이런 종을 심었을 때는 유심히 관찰하여 과도하게 번지지 않게 살피자. 프테리디움 아퀼리눔Pteridium aquilinum과 청나래고사리Matteuccia struthiopteris가 잘 번지는 양치식물의 대표 주자이다.
다행히 거침없이 번식하지 않는 토종 양치식물이 많이 있다. 그 녀석들을 외래과 섞어 심으면 아주 멋진 대조 효과를 노릴 수 있을 것이다.

배경이 되는 양치식물
키가 큰 양치식물은 화단을 아우르는 멋진 배경이 되어준다. 또 이웃집과의 경계에 심어도 울타리 역할을 멋지게 해낸다. 드리오프테리스 골디아나Dryopteris goldiana나 고비속 종들이 적당한 후보들이다. 양치식물을 보면 절로 숲이 떠오르므로, 화단에 심은 다음 주변으로 번져나가게 내버려 두어도 숲에 온 듯한 효과를 낼 수 있다. 청나래고사리는 그런 정원에서 훌륭한 지피식물이 되어주지만, 또 너무 잘 번져서 문제를 일으킬 수도 있다.

암석정원

사실 양치식물을 이야기하면서 돌과 자갈로 만든 정원을 먼저 떠올릴 사람은 많지 않다. 양치식물의 많은 종이 그늘지고 축축한 곳에서 더 잘 자라기 때문이다. 하지만 무한한 종을 거느린 양치식물답게 돌이나 바위가 깔려 있어 매우 건조하고 공기가 잘 통하는 곳을 편하게 느끼는 종도 있다. 또 습한 곳이나 건조한 곳을 가리지 않고 잘 자라는 종도 있다.

정원에 둔 돌은 열기를 저장하였다가 나중에 다시 내보낸다. 거기에다 토양에 공기가 잘 통한다면 정원의 미기후*가 온화해진다. 추위를 잘 못 견디는 양치식물에는 더할 나위 없는 환경인 셈이다.

만들기

강풍이 불지 않고 오후의 햇살이 강하지 않은 북향이나 동향이 최선이다. 잡초는 뿌리째 뽑아 버려야 양치식물이 거침없이 자랄 수 있다. 조건이 허락한다면 낮은 언덕을 만들어도 좋을 것이다. 풍경에 약간의 변화를 줄 수 있고 미기후도 더 좋아진다.

* 미기후(microclimate) : 주변환경과 다른 국소지역의 특별한 기후나 지표면과 직접 접한 대기층의 기후

미기후가 온화한 암석정원은 추위를 싫어하는 양치식물이 자라기에 더없이 좋은 장소이다.

암석 소재

전통적으로 암석정원은 자연석과 자갈을 사용하지만, 포석, 테라코타, 벽돌과 그 비슷한 재료도 가능하다. 암석정원은 따분한 느낌을 줄 위험이 크다. 따라서 여러 가지 모양의 돌을 골라 그것을 양치식물과 조화롭게 배치하면 더 다채롭고 재미난 풍경이 탄생할 것이다.

석회를 좋아하는 양치식물에게는 석회암이 그저 그만이다. 석회암은 풍화 속도가 느려 오래오래 토양에 석회를 공급한다.

토양

암석정원에 어울리는 양치식물은 건조한 환경에서 잘 자라므로 수분이 많으면 썩기 쉽다. 따라서 통기성이 좋은 토양을 권한다. 양분이 풍부한 흙을 깨끗한 모래와 섞으면 좋다. 부식질이 너무 많은 흙은 물을 많이 저장하므로 사용하지 않는 것이 좋다.

심기

원예종묘사에서 산 식물은 양분이 많은 땅에서 키운 것이 많다. 그래서 척박하고 건조한 암석정원에 바로 심으면 식물이 잘 자라지 못한다. 따라서 심기 전에 조심하여 식물의 흙을 씻어내자.

뿌리가 넉넉히 들어갈 수 있도록 돌 틈에 넓고 깊게 구멍을 판다. 그 구멍을 물로 채우고 물이 다 스며들 때까지 기다렸다가 식물을 심고 흙을 채운다. 깊이는 원래 화분에서 자라던 그 깊이 만큼이 좋다. 제일 위쪽 몇 센티미터를 굵은 자갈로 덮으면 잡초가 자라지 못하면서 통기성도 좋아진다.

바위붙이 식물(암생식물, 184쪽을 참고)은 돌담이나 돌에 바로 심을 수 있다. 미역고사리가 바로 이처럼 돌에서 자라는 양치식물이다. 돌 틈에 흙을 채우고 그곳에 식물을 심는다. 습기 유지를 위해 흙을 이끼로 덮고 식물이 뿌리를 내려서 그 뿌리가 자랄 때까지 규칙적으로 물을 준다. 이끼 위에 작은 돌이나 자갈을 얹어두면 식물이 자리 잡는 데 도움이 된다.

암석정원에 어울리는 양치식물

아디안툼 알레우티쿰 *Adiantum aleuticum*
골고사리 *Asplenium scolopendrium*
차꼬리고사리 *Asplenium trichomanes*
블레크눔 펜나 마리나 *Blechnum penna-marina*
미역고사리 *Polypodium vulgare*

차꼬리 고사리 *ASPLENIUM TRICHOMANES*
키도 작고 몸집도 작은 고사리이다. 반그늘의 바위틈과 돌담에서 자라므로 돌이 많은 땅에 적당하다.
학명 아스플레니움 트리코마네스 Asplenium trichomanes 는 "가는 털이 달린" 이라는 뜻으로 그리스어 "trix"(털)과 "manes"(가늘다)에서 왔다. 깃털잎이 낱낱으로 중축에서 떨어지고 남은 빈 중축은 겨우내 매달려 있다.

돌좀고사리
ASPLENIUM RUTA-MURARIA

빛
양지에서 반그늘까지
물
가뭄을 잘 견딘다
토양
석회가 많은 흙, 돌담과 바위틈에서만 자란다.

착생 양치식물

박쥐란 *Platycerium bifurcatum*
넉줄고사리 *Davallia mariesii*
아글라오모르파 메이니아나 *Agloemorfa meyenia*

착생식물과 바위붙이 식물(암생식물)

숲이나 공터 등 흙에서 주로 자라는 다른 양치식물과 달리 착생 양치식물은 다른 식물에 붙어서 자란다. 즉 나뭇가지나 그루터기 같은 얇은 층의 썩은 유기물에 뿌리를 내린다. 그 위로 이끼가 덮여 있는 경우가 많은데, 그 이끼가 수분을 저장한다.

　돌이나 바위에서 바로 자라는 식물도 착생식물이라고 잘못 부르는 경우가 많다. 그러나 정확히 이 녀석들은 바위붙이 식물이다. 대부분 착생식물과 자라는 모습이 비슷해서 오해가 생긴다. 착생 양치식물도, 바위붙이 양치식물도 정원에 그냥 심으면 안 되지만, 사실 토양의 통기성만 좋으면 대부분 잘 자란다. 물론 습기가 너무 많으면 안 된다. 식물을 나무 그루터기에 심어서 그 그루터기에서 양치식물이 절로 자라게 하는 것이 가장 안전한 방법이다.

물가에서

대부분의 양치식물이 습한 토양을 좋아하지만, 정말로 물에 푹 빠진 토양에서 잘 자라는 종은 의외로 별로 없다. 젖은 땅을 잘 견디는 종도 대부분 연못가에서나 자라지 아예 물속에서 키울 수 있는 종은 그리 많지 않다. 그러나 물가에서 자라는 이 종들은 워낙 성격이 무던해서 키우기가 정말 쉽다.

　　연못이 작을 때는 왕관고비Osmunda regalis처럼 빽빽하게 무리를 짓지만 심하게 번지지 않는 종이 좋다. 면적은 조금 더 큰데 물이 자주 넘치거나 늪지라면 청나래고사리Matteuccia struthiopteris처럼 빠르게 번지는 종이 바람직하다. 청나래고사리는 뿌리줄기로 번식하는데, 순식간에 넓은 지역으로 뻗어 나간다. 다른 곳에선 이런 특성이 문제를 일으킬 수 있지만 이런 땅에서는 토양을 고정하고 말린다.

　　게다가 다른 수중 식물과 어우러지면 멋진 풍경을 연출할 수 있다.

물가에서 잘 자라는 양치식물
서양개고사리 *Athyrium filix-femina*
드리오프테리스 크리스타타 *Dryopteris cristata*
청나래고사리 *Matteuccia struthiopteris*
야산고비 *Onoclea sensibilis*
왕관고비 *Osmunda regalis*
처녀고사리 *Thelypteris palustris*

위 : 콘월의 트레바 가든Trebah
Garden에 있는 연못에 나무고
사리가 서 있다.

나무고사리

아주 평범한 고사리도 원시적인 느낌을 풍기는데, 나무고사리가 서 있는 정원
을 거닐면 어떻겠는가? 큰 이파리가 드리운 그늘에 서면 금방이라도 공룡의 울
음소리가 들릴 것만 같다. 그 언젠가 까마득한 옛날에 지구를 뒤덮었던 거대한
숲을 거니는 기분이 아마 이럴 것이다.

안타깝게도 나무고사리는 추위를 잘 타기 때문에 겨울이 추운 지방에서는
바깥에서 잘 자라지 못한다. 그러니 이 식물을 보고 싶다면 힘들더라도 식물원
나들이가 필요하다. 운이 좋으면 온실을 통째로 나무고사리에게 바친 식물원
을 만날 수도 있다. 나무고사리를 정원에 심겠다는 생각은 굳이 권하고 싶지는
않지만, 아주 따뜻한 지역에서 방한 조치를 한다면 시도는 해볼 만한 일이다.

심기

- 나무고사리는 물을 잘 보존하는 부식질 토양에 심어야 잘 자랄 확률이 가장 높다.
- 반그늘의 안전한 장소에 심는다. 나무고사리는 아침에는 직사광선도 괜찮지만 뜨거운 오후의 햇빛에는 타서 말라버린다.
- 일찍, 나무고사리가 아직 겨울잠에 빠져서 새순을 만들지 않았을 때 심어야 가장 좋다.
- 땅의 깊이는 화분에 있던 그대로가 좋다.
- 심은 후에는 자리를 잡을 때까지, 다시 말해 뿌리와 잎이 나올 때까지는 매일 물을 준다.

물주기

나무고사리는 쉽게 말라버리므로 규칙적으로, 듬뿍 물을 주어야 한다. 줄기는 사실 뿌리줄기이고, 거기에 난 고운 털은 얇은 뿌리 층이다. 따라서 주변 흙에만 물을 줄 것이 아니라 줄기에도 물을 주어야 노출된 뿌리가 마르지 않는다. 적어도 덥고 건조한 날에는 하루 몇 차례씩 샤워를 시켜주는 것이 좋다. 잎 아래쪽까지 점적호스*로 줄기를 휘감아 물을 주면 편리하다. 줄기가 늘 젖은 상태면 잘 자라서 키도 잘 크고 잎도 더 커진다.

거름은 딱히 필요치 않아서, 땅에 퇴비만 주어도 괜찮다. 그래도 굳이 거름을 주어야겠다면 일찍 서둘러야 한다. 늦여름에 거름을 주면 겨울에 나무고사리가 죽을 수 있다.

** 점적(點滴)호스: 작은 구멍이 나 있어 영양분이나 물이 방울방울 떨어지는 호스로, 물 손실을 크게 줄인다.

월동준비

겨울이 따뜻한 고장에서는 월동준비만 잘 해주면 밖에서도 겨울을 날 수 있다. 딕소니아 안타르크티카Dicksonia antarctica의 가장 예민한 부분은 줄기 끝과 이듬해 잎이 만들어지는 "잎 화병" 밑면 부위이다. "잎 화병"에 물기가 너무 많이 모이면 뿌리줄기가 물을 너무 많이 빨아들여 썩을 위험이 있다.

딕소니아 안타르크티카의 잎(왼쪽), 뿌리줄기(가운데), 확대한 잎 한 장(오른쪽)

나무고사리 월동법

- 가장 좋은 방법은 "잎 화병"을 짚으로 채운 다음, 짚이 흘러내리지 않도록 잎과 함께 아치형으로 묶는 것이다.
- 뿌리줄기를 천 자루로 감싼다. 그렇게 하면 영하 10도까지 버틸 수 있다.
- 기온이 더 내려가거나 눈이 많이 내리는 고장에서는 고사리를 파서 잎을 잘라낸 후, 춥지만 얼지는 않는 헛간이나 차고에 두는 것이 제일 좋다. 이듬해 성장이 나쁘고 잎도 더 작아지겠지만 그래도 죽지는 않는다.

고사리 탁자

예전 빅토리아 시대의 정원에는 "숲을 흉내 낸" 작은 양치식물 탁자가 있었다. 터가 적어 진짜 숲정원을 꾸미지는 못하지만, 숲의 분위기는 내보고 싶다면 양치식물 탁자가 꽤 쓸만한 선택이다. 양치식물 탁자는 이름대로 양치식물을 심고 예쁜 돌, 나뭇가지로 꾸민 탁자이다.

- 튼튼한 정원용 탁자를 쓰면 가장 간단하다. 무게를 버틸 수 있어야 하므로 돌 탁자가 제일 적당하고, 식물이 넘어지지 않도록 나지막하게 가장자리를 두르고, 바닥에는 물이 고이지 않도록 배수장치를 한다.
- 크기는 최소 60×60cm는 되어야 식물이 금방 마르지 않는다. 하지만 넓이가 120cm를 넘지 않는 것이 좋다. 너무 넓으면 물주고 잡초 뽑기가 힘들다.

- 먼저 정원에 탁자를 설치한 다음에 식물을 심어야 한다. 안 그러면 너무 무거워 들고 가기 힘들다. 물기를 잘 저장하되 가볍고 통기성이 좋아 뿌리에 공기를 잘 공급할 수 있는 흙이 좋다. 배양토에 바크더스트Barkdust와 모래를 섞으면 좋은 결과를 기대할 수 있다.
- 물을 주거나 비가 올 때 흙이 씻겨나가지 않도록 탁자 가장자리를 돌과 나뭇가지로 감싼다. 그리고 한가운데에 흙을 채우고 양치식물을 심는다.
- 흙은 적어도 20-30cm 높이로 채운다. 그래야 식물이 잘 자랄 수 있다.

팁
돌과 나뭇가지 등은 정원이나 주변 자연에서 구한다. 그래야 탁자 분위기가 너무 튀지 않고 주변과 잘 어울러진다.
- 옹이진 가지나 예쁜 색깔의 돌처럼 특색있는 재료를 활용하자.
- 너무 많은 재료나 양식을 뒤섞지 말자. 정신이 없다.

- 나뭇가지와 돌을 아무렇게나 늘어놓지 말자. 가지는 가지끼리, 돌은 돌끼리 무리 지어 배열해야 안정감이 있다.
- 키가 작은 양치식물을 선택하되 매력 포인트를 주기 위해 한두 그루 조금 큰 것을 심는다.
- 비비추 같은 키 작은 식물 종을 함께 심으면 더 재미있다.

트레바 가든

그루터기 정원

옛날 빅토리아 양식대로 조성한 그루터기 정원은 만들기도 어렵지 않을뿐더러 아주 독특하고 재미난 매력 포인트가 될 수 있다. 원래는 말라서 죽은 나무를 썼지만, 그루터기에도 여기저기 움푹 팬 곳이 많고 또 뿌리 모양도 다채로워서 양치식물을 심기에 나쁘지 않다. 그늘진 곳이 가장 완벽한 장소이다.

그루터기 정원은 양치식물에 완벽한 환경을 제공할뿐더러, 곤충과 다른 동물이 살 수 있는 장소이기도 하므로 종의 다양성에도 크게 이바지한다. 또 균류와 박테리아도 많이 살기에 미생물의 활동성을 높인다. 이 모든 요인이 합쳐져야 건강한 생태계, 나아가 건강한 정원이 만들어지는 것이다.

정원 만들기

- 모든 종의 나무 그루터기가 가능하다. 하지만 잘 썩지 않는 종의 그루터기를 잘 말려 사용하는 것이 최선의 결과를 거둘 수 있다.
- 그루터기를 고압 청소기로 청소하여 흙을 제거한다.
- 원래는 미니어처 정원 느낌이 나도록 나무를 거꾸로 세워 뿌리가 위로 오게 하여 살짝 땅에 파묻는다. 하지만 그루터기를 뿌리째로 땅에 그대로 두는 것도 좋겠고, 필요하다면 두 가지 방식을 섞어도 좋다. 부패 속도가 다른 여러 종의 나무를 쓰면 오래된 자연 숲의 느낌이 더 강해진다.
- 그루터기와 그루터기 사이에는 퇴비나 다른 부식질이 풍부한 흙을 채운다. 몇 달 지나면 흙이 쓸려나가 빈 공간이 생길 수 있으므로 흙을 주기적으로 채워주어야 한다.
- 양치식물을 심고 다른 그늘 식물로 장식 효과를 더한다.

아래 : 야산고비
가운데 : 사빌가든의 그루터기 정원
오른쪽 : 브로턴 그랜지 가든스

지피식물

다양성을 추구하는 식물 애호가는 정원의 통일성을 유지하는 일이 쉽지 않다. 마음에 드는 식물을 하나둘 심다 보면 어느 사이 식물 종이 넘쳐나서 산만하고 정신이 없다. 따라서 정원의 모든 식물 종을 서로 연결해주는 요인이, 엉클어진 실타래를 풀어줄 실마리가 필요하다.

이 문제를 해결할 방법은 많다. 여러 가지 방법이 있다. 토피어리*도 있고 화단에 식물 울타리를 둘러줄 수도 있으며, 같은 식물을 여러 무리로 나누어 심는 방법도 있다.

지피식물도 그중 하나이다. 지피식물이 화단에 통일성을 선사하여, 정말로 다양한 식물이 사는 화단도 정돈된 느낌을 풍긴다. 또 잘만 심으면 지피식물이 화단의 나머지 식물을 더욱 돋보이게 하는 효과도 있다.

하지만 지피식물은 잘 번지므로 과도하게 번식하여 다른 식물을 쫓아내지 않도록 식물을 고를 때 신중해야 한다.

양치식물 중에도 지피식물로 적당한 종이 많다. 잘 번져서 화단에는 적당하지 않은 청나래고사리와 달리 조신하게 조금씩 번식하는 종도 많다. 이런 종은 토지경계에 심어도 정말 좋고, 다른 식물을 심기 힘든 비탈진 땅에도 아주 그저 그만이다.

* 식물을 여러 동물 모양으로 자르고 다듬어 보기 좋게 만드는 기술 또는 작품

지피식물로 어울리는 양치식물
블레크눔 칠렌세 *Blechnum chilense* (월동 조치가 필요하다)
블레크눔 펜나 마리나 *Blechnum penna-marina*
덴스타에드티아 푼크틸로불라 *Dennstaedtia punctilobula*
토끼 고사리 *Gymnocarpium dryopteris*
청나래고사리 *Matteuccia struthiopteris*
야산고비 *Onoclea sensibilis*

정형식 정원 FORMAL GARDEN

정형식 정원에서도 양치식물은 썩 유용하다. 양치식물은 좌우대칭이 잘 맞아
서 이런 정원의 엄격한 분위기와 잘 어울린다. 또 그러면서도 우아하므로 정형
식 정원의 직선을 살짝 누그러뜨릴 수 있다. 이런 정원에서는 너무 잘 번지는
식물은 금물이다. 마구 번져서 뒤섞이면 질서가 무너진다. 따라서 빽빽하게 자
라되 너무 무성하게 자라지는 않는 종으로 고르자.

정형식 정원에 어울리는 양치식물

나도히초미 *Polystichum polyblepharum*
드리오프테리스 필릭스 마스 *Dryopteris filix-mas*
드리오프테리스 필릭스 마스 "바르네시" *Dryopteris filix-mas* 'Barnesii'
드리오프테리스 아피니스 *Dryopteris affinis*
드리오프테리스 아피니스 "크리스타타" *Dryopteris affinis* 'Cristata'

히드코트 매너 가든

양치식물의 동반자 식물

양치식물은 혼자 있어도 아름답지만, 다른 식물과 함께 심으면 그 친구들을 더 빛나게 하는 식물이다. 더구나 워낙 종이 다양하므로 정원 어디서든 함께 심을 수 있는 멋진 동반자를 찾을 수 있다.

다음 쪽에 양치식물의 동반자로 제격인 식물들을 뽑아보았다.

바위떡풀 *SAXIFRAGA*

골고사리나 차꼬리고사리 같은 종은 척박하고 건조하며 해가 많이 드는 돌담이나 암석정원에서 아주 잘 자란다. 이 종은 키가 상당히 작으므로, 크게 자라서 양치식물을 덮어버릴 수 있는 식물은 옆에 심지 말아야 한다.

　바위떡풀 속Saxifraga 식물들은 키가 많이 커봤자 15~40cm밖에 안 자라기 때문에 암석정원에 심으면 참 좋다. 자라면서 양탄자처럼 땅을 덮거나 덤불을 이루므로 양치식물 화단과 찰떡궁합이다. 꽃이 풍성한 데다 꽃이 진 줄기를 잘라내면 여름 내내 꽃을 피우므로 양치식물의 초록색에 멋진 색색 얼룩을 찍는다.

적당한 종

천상초Saxifraga × arendsii
초원범의귀Saxifraga granulata

비비추 *HOSTA*

비비추 역시 양치식물과 잘 어울린다. 크고 당당한 잎이 양치식물의 우아한 깃털 잎과 멋진 대조를 이룬다. 또 종에 따라 잎 색깔이 가지각색이어서 초록 일색인 양치식물을 잘 보완한다. 양치식물도, 비비추도 사람의 손길이 별로 필요치 않아서 관리하기가 쉽다. 큰 비비추를 큰 양치식물과 함께 심으면 가장 멋진 효과를 거둘 수 있다. 하지만 작은 양치식물은 작은 비비추와 더 잘 어울린다. 큰 비비추 잎이 양치식물을 덮어버리기 때문이다. 작은 비비추는 화분이나 양치식물 탁자에서도 완벽한 양치식물의 동반자이다.

삼지구엽초 *EPIMEDIUM*

삼지구엽초는 눈에 잘 띄지 않는 작고 고운 꽃을 피운다. 하지만 요즘엔 더 반짝이는 색깔의 큰 꽃이 피는 품종도 나와 있다. 꽃은 대부분 봄이나 초여름에 핀다. 하지만 삼지구엽초를 좋아하는 사람들은 꽃보다 잎에 더 관심이 많다. 특히 어린 잎은 말할 수 없이 아름답다. 요즘은 품종에 따라 잎의 색깔이 다르고, 가을에 물이 드는 품종들도 있다.

　삼지구엽초는 번지는 속도가 느리지만 잘 자라면 아주 멋진 지피식물이 되며, 적록의 잎 색깔이 초록의 양치식물을 잘 보완한다. 배수가 잘되는 곳에서는 대체로 잘 자란다.

크리스마스 로즈 *HELLEBORUS NIGER*

크리스마스 로즈라고 하면 사람들은 겨울이나 이른 봄에 피는 멋진 꽃을 먼저 떠올린다. 하지만 꽃 못지않게 풋풋한 초록 잎도 정말로 예뻐서 그늘진 화단에 심으면 제철 내내 양치식물과 잘 어우러진다.

크리스마스 로즈는 서양개고사리의 연초록 잎이나 폴리스티쿰 세티페룸의 비늘 많은 흑갈색 잎줄기와 어우러지면 특히 매력을 한껏 발휘한다. 하지만 크리스마스 로즈는 까다로운 식물이다. 직사광선과 강풍을 막아주어야만 숨은 매력을 모두 펼칠 수 있다.

앵초 *PRIMULA*

앵초의 꽃은 봄과 초여름의 상징과도 같다. 앵초 역시 상록성 양치식물과 멋지게 어우러지며, 특히 봄에 새순이 천천히 펼쳐질 때, 둘의 조화는 정말이지 아름답다. 앵초는 매우 느리게 꽃이 피는데, 그동안 거의 무한할 정도로 다양하게 색깔을 바꾼다.

앵초도, 양치식물도 아침에는 직사광선을 견디지만, 정오나 오후의 햇살은 피해주어야 한다. 반그늘에서 가장 잘 자란다. 물을 잘 저장하면서도 통기성이 좋은 토양이 필요하므로, 건기에는 규칙적으로 물을 주어야 한다.

양치식물의 초록을 배경 삼으면
동반자 식물들의 반짝이는 꽃이
더욱 아름답게 느껴진다.

만병초 *RHODODENDRON*

유명한 영국 원예 전문가 거트루드 제킬Gertrude Jekyll은 정원에서 초록색이 얼마나 중요한지를 사람들이 자주 잊는다는 말을 하곤 했다. 그녀는 자주 만병초를 양치식물과 한데 심어 양치식물의 연초록과 만병초잎의 짙은 초록을 대비시켰다. 같은 전략으로 정원의 정형식 부분과 야생적인 부분을 한데 섞기도 했는데, 양치식물은 이 두 경우 모두에서 양쪽을 부드럽게 이어주는 매우 유용한 식물이다.

거트루드 제킬은 또 여름의 분위기를 내기 위해 백합을 심었고, 봄에는 만병초 꽃이 아직 피기 전에 밝은 색깔을 내기 위해 은방울꽃을 심었다. 은방울꽃은 수선화와 마찬가지로 양치식물과 아주 잘 어울리는 꽃이다. 땅의 표면에 뿌리를 내리므로 더 깊이 뿌리를 내리는 양치식물과 물과 양분을 두고 경쟁할 일이 별로 없다.

백합 *LILIUM*

백합의 짝꿍을 찾기란 참 힘들다. 백합의 미모가 워낙 뛰어난 데다가 다른 식물을 심겠다고 흙을 파다가 백합의 알뿌리가 다치기 쉽다. 또 대부분의 식물은 잘 자라려면 주기적으로 포기나누기를 해주어야 한다.

그런 점에서도 양치식물은 구원의 식물이다. 양치식물은 백합과 마찬가지로 축축한 반그늘을 좋아한다. 또 뿌리줄기는 나누지 않고 가만히 내버려 두어야 가장 잘 자라므로 관리가 수월하고, 흙을 파헤칠 일이 없으니 백합 알뿌리를 다칠 일도 없다. 다만 양치식물이 다른 식물과 치열하게 경쟁하지 않아도 되도록 자리를 넉넉하게 확보해줄 필요는 있다.

청나래고사리나 서양개고사리 같은 흔한 녀석들을 활용해보자. 꼿꼿하게 높이 자라서 잎 없는 백합의 긴 줄기를 우아하게 덮어줄 것이다. 또 아름다운 초록 잎으로 화려한 백합꽃을 돋보이는 멋진 배경이 되어줄 것이다.

다른 부추아과 식물

양치식물을 많이 심은 화단은 봄에 새순을 펼치기 전까지는 황량하고 우울해 보일 수 있다. 따라서 알뿌리 식물을 사이사이 심어두면 이른 봄에도 화단이 화사하다. 수선화 같은 봄의 전령을, 조금 늦게 꽃을 피우지만 조금 더 키가 큰 알뿌리 꽃과 섞어 심어보자. 양치식물의 깃털 잎이 활짝 펴질 무렵 정말로 아름다운 동반자 역할을 톡톡히 해줄 것이다.

큰 잎

잎이 크고 키가 큰 식물은 혼자 두어도 멋지지만, 우아하고 귀여운 종의 양치식물과 어우러지면 서로 대조되어 멋진 효과를 낼 수 있다. 또 큰 잎은 눈길을 사로잡는 매력 포인트이다. 산하엽Diphylleia cymosa이나 땅두릅Aralia cordata 같은 도깨비부채 속Rodgersia의 종이 적당한 후보감이다. 하지만 다 그렇듯 잎 식물도 너무 많이 심으면 나머지 친구들이 파묻혀 눈길을 받지 못한다.

그늘 식물

그늘진 곳에서 잘 자라는 식물의 잎은 보통 둥글거나 하트 모양이고 크기도 상당히 크다. 햇빛이 잘 들지 않다 보니 잎을 키워 그 얼마 안 되는 빛을 활용하려는 것이다. 둥근 모양의 잎은 양치식물의 깃털 잎과 정 반대 모양이므로 대조 효과를 거둘 수 있다. 적당한 후보가 많은데, 대표적으로 몇 가지만 들어보면 브루네라 아크로필라Brunnera macrophylla, 유럽족도리풀Asarum europaeum, 베시아 칼티폴리아Beesia calthifolia, 사루마 헨리Saruma henryi이다. 마지막 두 종은 요즘엔 잘 안 보이지만 숲정원에 정말 기가 막히게 어울리는 녀석들이다.

화본과 식물

화본과 식물도 양치식물의 멋진 짝꿍이 될 수 있다. 위로 뻗어 나가는 좁다란 줄기가 양치식물 잎과 대조를 이루는 데다 바람이 불 때마다 녀석들이 몸을 흔들므로 온 정원에 물결이 인다.

똑바로 자라는 식물은 다 양치식물과 잘 어울린다. 수평으로 퍼져나가는 양치식물 잎의 선이 곧은 수직의 선과 아름답게 대조를 이루기 때문이다. 참억새Miscanthus sinensis 같은 풀도 좋고 노루삼 속Actaea과 승마 속Cimicifuga의 종들, 꽃고비Polemonium caeruleum, 둥굴레 속Polygonatum의 대표주자인 둥굴레도 좋다.

후마타고사리 (넉줄고사리, *Davallia griffithiana*)

화분에 담긴 양치식물

예전에는 양치식물이 주로 실내 관상용 식물이었다. 양치식물 문양을 새긴 예쁜 화분에 심어 북쪽 창틀에 올려놓거나 작은 의자에 올려 집안 구석에 두었다. 요즘 우리는 대부분의 양치가 약간 환한 장소를 좋아한다는 사실을 잘 알지만, 줄고사리의 특정 품종들처럼 조금 더 어두운 장소에서도 잘 견디는 종들도 많다.

1970년대까지만 해도 양치식물은 대중적인 관상용 식물이었다. 그래서 "할머니 집에 가면 있는" 구식 식물이라는 생각이 많았다. 다행히 요즘 들어 양치식물에 관한 관심이 되살아나고 있어서, 실내장식에서도 빼놓을 수 없는 최신 유행 관상용 식물로 자리매김하고 있다.

양치식물은 대부분 키우기가 무척 쉽다. 또 공기 정화 및 가습 효과가 뛰어나서 난방을 많이 하는 겨울에 실내에서 키우면 실내 공기를 개선할 수 있다. 예전의 종들은 실내로 들이면 금방 잎이 노래지고 시드는데, 요즘에 판매되는 신품종들은 집안 공기를 잘 견딘다.

왼쪽 : 미크로소룸 푼크타툼 "크로코딜루스"
Microsorum punctatum 'Crocodyllus'
아래 : 실내에서 화분에 심어 키우는 양치식물들

1. 프테리스 쿼드리아우리타 "트리컬러" *Pteris quadriaurita* 'Tricolor'
2. 아디안툼 라디아눔 "베리게이티드 파코티" *Adiantum raddianum* 'Variegated Pacottii'
3. 폴리스티쿰 세티페룸 "플루모소물틸로붐" *Polystichum setiferum* 'Plumosomultilobum'
4. 아스플레니움 니두스 "크리스피 웨이브" *Asplenium nidus* 'Crispy Wave'
5. 히말라야 공작고사리 *Adiantum venustum*
6. 박쥐란 *Platycerium bifurcatum*
7. 보스톤 고사리 *Nephrolepis exaltata*
8. 덴스타에드티아 다발리오이데스 *Dennstaedtia davallioides*
9. 묘이고사리(고양이발톱 고사리) *Davallia tyermanii*

매력적이고 키우기 쉽다

양치식물은 잎 생김새가 매력적이고 까탈스럽지 않으면서도 아름다워서 화분에 심기에 참 좋은 식물이다. 집이건, 겨울 정원이건, 온실이건 다 좋다. 양치식물의 가장 큰 장점은 그늘 식물이라는 것이다. 그늘을 좋아해서 다른 식물이 못 자라는 곳을 꾸밀 수 있으므로 아주 유용하다. 공작고사리Adiantum와 넉줄고사리(후마다고사리Davallia) 같은 많은 종이 꽃다발에 섞는 절화로도 사용한다.

필요한 것도 가지각색

성장 환경이 다른 전 세계 어디에나 양치식물이 있다. 어떤 빛과 어느 만큼의 물을 좋아하는지는 고향이 어디냐에 달려 있다. 관상용 양치식물은 크게 둘로 나뉜다. 열대 지방에서 온 종과 온대 지방에서 온 종이다.

열대 지방에서 온 양치식물

이 양치식물을 잘 키우려면 실내 온도가 약 18-20°C를 유지해야 한다. 따라서 실내나 겨우내 난방을 가동하는 겨울 정원에서만 키울 수 있다.

온대 지방에서 온 양치식물

겨울 실내 온도가 약 5-10°C를 유지해야 한다. 여름에는 바깥에 내다 놓을 수 있고, 겨울에도 얼음만 얼지 않으면 추운 공간에도 둘 수 있다. 그러니까 실내나 서늘한 곳에서는 어디서나 키울 수 있다.

제라늄과 공작고사리는 참 잘
어울리는 한 쌍이다.

심기와 거름주기

양치식물이 잘 자랄 수 있는 적당한 장소를 고른다. 종이나 품종에 따라 그늘
진 곳일 수도 있고 볕이 드는 곳일 수도 있다. 하지만 대부분 직사광선은 피하
는 것이 좋다. 화분의 흙은 가볍고 밀도가 낮으며 부식질이 많아야 한다. 양
치식물은 수분을 좋아하지만, 그렇다고 물에 빠뜨려두면 안 된다. 흙은 통기
성이 좋아야 하고 화분 밑에 구멍이 뚫려 있어서 물이 흘러나갈 수 있어야 한
다. 거름을 주고 싶으면 여름철에 액상비료를 연하게 타서 준다. 겨울에는 절
대 거름을 주면 안 된다.

분갈이

양치식물은 계절을 가리지 않고 분갈이를 할 수 있지만, 성장이 시작되기 전인
봄이 제일 적기이다. 어린 식물은 연간 2~4번 분갈이를 해주어야 잘 자랄 수
있다. 조금 더 커지면 일 년에 한 번만 한다.
큰 화분에 심는 나무고사리나 덩치가 큰 종은 봄에 흙에 퇴비만 해주면 몇 년
씩 분갈이를 안 해주어도 괜찮다. 또 이런 녀석들은 분갈이할 때 뿌리가 다치
지 않게 조심해야 한다.

물주기

많은 관상용 식물들이 그렇듯 겨울에는 양치식물도 휴지기에 들어가므로 물
을 아주 적게 주어야 한다. 하지만 여름철에는 1주일에 한 번씩 듬뿍 물을 주
어야 한다. 흙이 살짝 마를 때까지 기다렸다가 물을 준다. 특히 열대 지방 출
신의 양치식물은 높은 습도에서 잘 자라고 잎으로도 물을 흡수할 수 있다. 따
라서 성장 기간에는 잎에 물을 뿌려주는 것이 좋다. 매일 한 번씩 샤워를 시켜
주면 더할 나위가 없다.

화분에서 키우는 양치식물

공작고사리 *Adiantum capillus-veneris*

빽빽하게 자라며 화려하다. 잎줄기는 검고 잎은 부드럽다. 12 ℃.이하로 떨어지지 않는 따뜻한 환경에서 잘 자란다.

박쥐란 *Platycerium bifurcatum*

대표적인 실내 관상용 식물이다. 잎이 사슴의 가지뿔처럼 생겼다. 빛이 잘 드는 곳을 좋아하지만, 직사광선은 싫어한다. 상대적으로 습도가 높아야 하므로 규칙적으로 물을 뿌려주거나 습도가 높은 욕실에 두어야 한다.

넉줄고사리 *Davallia trichomanoides*

장식 효과가 뛰어난 예쁜 화분 식물로, 털이 보송보송 난 공기뿌리가 앞발처럼 화분에서 기어 나온다. 해가 잘 드는 장소의 상온에서 잘 자란다. 여름에는 반그늘이라면 바깥에서도 잘 크지만, 겨울에는 실내로 들여야 한다.

기붐새깃아재비 *Blechnum gibbum*

가지런한 깃털 잎이 빽빽하게 자라는 예쁜 양치식물이다. 환하고 따뜻한 곳을 좋아하고, 거기에 습도까지 높으면 금상첨화이다.

큰봉의꼬리 *Pteris cretica*

잎이 부드러운 아름다운 양치식물이다. 빛이 잘 드는 곳에 두면 제일 예쁜 잎 색깔을 유지한다. 물이 없어도, 물이 너무 많아도 안 되므로 규칙적으로 같은 양의 물을 주어야 한다.

줄고사리 *Nephrolepis cordifolia*

환하고 습도가 높은 곳에서 잘 자라는 고운 양치식물이다. 규칙적으로 물을 뿌리거나 샤워를 시켜주면 좋다.

보스톤 고사리 *Nephrolepis exaltata*

1794년에 처음 영국에 들어온 줄고사리로, 화분에서 키우기 쉽다. 공기 중의 이산화탄소와 유해물질을 흡수하므로 공기정화 효과가 뛰어나다. 또 흡수한 물을 90% 가까이 증발시키기 때문에 가습효과도 아주 뛰어나다. 특히 난방으로 습도가 떨어지는 겨울에 가습기 대용으로 그저 그만이다.

실고사리 *Lygodium japonicum*

직사광선만 내리쬐지 않으면 집안 어디서나 잘 자라는 넝쿨 고사리이다. 여름에는 그늘진 곳이라면 바깥 정원으로 옮겨도 좋다.

왼쪽 : 실고사리
Lygodium japonicum

오른쪽 : 보스톤 고사리
Nephrolepis exaltata

꽃병에 꽂는 양치식물

공작고사리Adiantum는 예로부터 절화*로 많이 썼다. 특히 빨간 장미와 짝을 지어주면 아주 예쁘다. 하지만 힘차게 자라는 다른 양치식물도 밝고 화려한 꽃과 멋들어지게 대조를 이룬다. 꽃집에서 살 수 있으면 좋겠지만, 양치식물을 파는 꽃집이 없다면 관중이나 청나래고사리 같은 야생 양치식물을 넣어도 멋진 꽃다발이 완성된다. 다만 우리가 많이 먹는 고사리Pteridium aquilinum는 너무 빨리 시들기 때문에 적당하지 않다.

*꽃자루, 꽃대, 가지를 잘라서 꽃꽂이, 꽃다발, 꽃바구니, 화환 등에 이용하는 꽃.

양치 식물로 뫼 꾸미기

사랑하는 가족을 떠나보낸 사람이라면 그 무덤만이라도 예쁘게 꾸며주고 싶은 간절한 마음을 이해할 수 있을 것이다. 무덤을 꾸밀 방법은 정말로 다양할 테지만, 안타깝게도 그 방법을 알려주는 곳이 많지 않다.

식물은 생명의 유한함을 상징하지만, 희망을 의미하기도 한다. 겨울이 가면 새 생명이 탄생하고 새 희망이 움트는 봄이 찾아오리라는 기대 말이다. 사는 것이 힘들 때면 종교와 상관없이 이런 생각이 참 큰 힘이 된다.

양치식물은 다양한 관점에서 영원의 식물이라 부를 만하다. 이미 4억 년 전부터 이 땅을 지켜왔고 뛰어난 생존력과 적응력 덕분에 앞으로도 영원히 이 땅에서 살아갈 확률이 매우 높기 때문이다.

따라서 이렇듯 영원을 상징하는 양치식물이야말로 묘지 장식용 식물로는 안성맞춤일 것이다. 양치식물의 차분한 색깔과 형태는 주변환경과 잘 어우러지고, 묘지와 같이 조용하고 호젓한 장소에 꼭 필요한 가만하고 평온한 분위기를 선사한다.

예전에도 유럽에선 묘비 옆에 청나래 고사리를 비롯한 다양한 양치식물을 많이 심었다. 그러니 양치식물로 가족의 뫼를 장식하면 과거의 문화적, 역사적 유산을 이어나갈 수 있고, 더불어 일 년 내내 아름답고 평화로운 장소를 마련할 수도 있다. 아래에 뫼를 꾸미기에 적당한 여러 양치식물 종을 적어보았다.

공작 고사리 *Adiantum pedatum*
히말라야 공작 고사리 *Adiantum venustum*
차꼬리 고사리 *Asplenium trichomanes*
서양 개고사리 *Athyrium filix-femina*
아티리움 오토포룸 바르 오카눔 *Athyrium otophorum var. okanum*
살눈 고사리 *Cystopteris bulbifera*
데파리아 아크로스티코이데스 *Deparia acrostichoides*
드리오프테리스 아피니스 *Dryopteris affinis*
홍지네고사리 *Dryopteris erythrosora*
드리오프테리스 필릭스 마스 *Dryopteris filix-mas*
드리오프테리스 레피도포다 *Dryopteris lepidopoda*
개면마 *Matteuccia orientalis*
왕관고비 *Osmunda regalis*
미역 고사리 *Polypodium vulgare*
나도히초미 *Polystichum polyblepharum*
처녀 고사리 *Thelypteris palustris*
우드시아 옵투사 *Woodsia obtusa*

같이 쓰면 좋은 식물

시칠리안 허니 갈릭 *Allium siculum*
들바람꽃 *Anemone nemorosa*
할미꽃 *Pulsatilla vulgaris*
제비꽃 *Viola*
사두패모 *Fritillaria meleagris*

말린 꽃

양치식물은 초록 옷을 입었을 때가 제일 예쁘지만, 겨울에 시들어도 여전히 아름답다. 어떤 때는 마른 양치식물이 더 큰 장식 효과를 낼 때도 있다. 흐린 가을날이나 눈 내리는 겨울날이면 그 마른 적갈색 잎에 절로 눈길이 머물 것이다.

"가을이 지운 짐을 지고 나 여기 섰습니다.
마음은 지치고 손은 힘이 없나니
안식보다 좋을 것이 없을 듯 합니다.
나를 자유롭게 할 말을 들려주소서."

- 윌리엄 모리스

공공 식물원

독일, 오스트리아, 스위스

₩베를린 식물원 Botanischer Garten Berlin : 22,000여 종의 식물이 자라는 세계 최대 규모의 식물원 중 하나이다. 당연히 양치 식물 관이 별도로 마련되어 있다.

뮌헨, 님펜부르크 식물원 BoGa München-Nymphenburg : 면적이 약 22헥타르에 이르는 큰 식물원이다. 야외에 양치식물 협곡이 마련되어 있다. 온갖 식물 관이 있는데, 나무고사리 식물관도 그 중 하나이다.

슈투트가르트, 빌헬마 Wilhelma, Stuttgart : 19세기에 조성한 역사적인 공원 안에 있는 동식물원이다. 역사적인 온실들은 빅토리아 시대의 양치식물관을 모델로 삼아 1842년에 지었다.

만하임, 루이젠 공원 Luisenpark, Mannheim : 만하임 최대 공원으로, 19세기 말에 첫 삽을 떴다. 150종이 자라는 양치 정원과 나무고사리관이 있다.

에센, 그루가 공원 Grugapark, Essen : "산 안개 숲 식물전시관"을 운영하는데, 그 안에 인상적인 나무고사리들이 자란다.

바젤 식물원 Botanischer Garten Basel : 1589년에 만들어진 세계에서 가장 오래된 식물원 중 하나이다. 양치식물은 원시세계정원, 이끼정원, 양치 골짜기에 있다.

제네바 식물원 Botanischer Garten Genf : 1817년에 만든 유명한 식물원이다. 빅토리아 시대의 온실들이 있다. 양치식물은 야외와 온실 모두에 있는데, 나무고사리도 있다.

빈 히르쉬슈스테텐 꽃정원의 원시시대정원 Urzeitgarten in den Blumengarten Hirschstetten, Wien : 안개숲정원이라고도 부른다. 이곳 약 1300m2 면적에 공룡이 나타나기 전부터 살던 식물들, 특히 나무고사리들이 자라고 있다.

식물원 상세 정보

독일 www.botanischergarten.org
스위스 www.botanicasuisse.org
오스트리아 austriaforum.org/af/AustriaWiki/Liste_von_botanischen_Garten_in_Osterreich

영국과 아일랜드

식물원

글래스고 보타닉 가든 Glasgow Botanic Gardens : 파푸아뉴기니 등 여러 나무고사리를 모아놓은 국립 컬렉션이다. 추위에 강한 종은 바깥 정원에서 자란다.

에든버러 왕립식물원 Royal Botanic Garden Edinburgh : 열대와 아열대 양치식물이 대량으로 자라고 있다. 추위에 강한 종은 바깥 정원에 심어 두었다.

옥스퍼드 대학교 식물원과 케임브리지 대학교 식물원 University of Oxford Botanic Gardens, Cambridge University Botanic Garden : 온실에는 열대 양치식물이 자라고 바깥 정원에는 추위에 강한 종이 있다.

왕실 식물원 큐 Royal Botanic Gardens, Kew : 열대와 아열대 양치식물이 엄청나게 많다.

런던 첼시 피직 가든 Chelsea Physic Garden, London : 토머스 모어 Thomas Moore가 1848년에서 1887년까지 큐레이터로 일하며 수집한 양치식물 컬렉션을 볼 수 있다.

할로우 카 식물원 Harlow Carr Botanical Gardens : 미역고사리 Polypodium와 관중 Dryopteris 컬렉션이 유명하다.

버밍엄 식물원 & 글래스하우스 Birmingham Botanical Gardens & Glasshouses : 바깥 정원과 온실에 양치식물이 많다.

더블린, 글라스네빈 국립식물원 National Botanic Gardens, Glasnevin, Dublin : 온실에 열대 양치식물이 자라고 바깥 정원에는 추위에 강한 종이 자란다. 차꼬리고사리 Asplenium trichomanes와 처녀이끼과 Hymenophyllaceae의 종들을 모아놓았다.

관람할 수 있는 정원

위스비치, 피코버 하우스 앤 가든(내셔널 트러스트) (Peckover House & Garden, Wisbech (National Trust) : 아열대 양치식물과 추위에 강한 양치식물이 빅토리아 시대의 온실과 정원에서 자라고 있다.

맨체스터 근처, 너쳐퍼드, 태튼 파크 Tatton Park, Knutsford : 조지프 팩스턴 Joseph Paxton이 설계한 양치식물관으로, 세계에서 가장 아름다운 양치식물관 중 하나이다.

맨체스터 대학교의 식물 실험 실험장 Botanical Experimental Grounds, Universitat Manchester : 외래종 양치식물과 추위에 강한 영국 토종 양치식물을 온실과 바깥에 대량으로 키우고 있다.

켄달, 시저 성 정원 Sizergh Castle Garden, Kendal : 아스플레니움 스콜로펜디움 Asplenium scolopendium, 한들고사리 Cystopteris, 관중 (Dryopteris), 고비 Osmunda를 볼 수 있다.

윈더미어, 레이크랜드 원예협회의 홀허드 가든스 Holehird Gardens der Lakeland Horticultural Society, Windermere : 십자고사리 Polystichum를 비롯하여 20 가지가 넘는 양치식물 속을 볼 수 있다.

윔본, 킹스턴 레이시 하우스 & 가든 Kingston Lacy House & Garden, Wimborne : 관중Dryopteris, 십자고사리Polystichum, 꼬리고사리 Asplenium, 개고사리Athyrium, 청나래고사리Matteuccia, 공작고사리Adiantum, 고비Osmunda를 볼 수 있다. 빅토리아 시대의 양치식물관이 있다.

노디엄, 그레이트 딕스터 Great Dixter, Northiam : 화단에 아름답고 특이한 양치식물이 가득 자라고 있다.

엘름스테드 마켓, 베스 채토 가든스 Beth Chatto Gardens, Elmstead Market : 수많은 종의 양치식물이 정원에서 자라고, 그중 많은 종을 정원의 샵에서 팔고 있다.

크랜브룩, 시싱허스트 성 정원 Sissinghurst Castle Garden, Cranbrook : 아름답고 특이한 양치식물들이 화단 가득 자라고 있다.

윈저 대공원, 사빌 가든 Savill Garden, Windsor Great Park : 추위에 강한 양치식물이 엄청나게 많다. (약 550종 및 품종)

헤이워즈 히스, 나이먼스 가든 Nymans Garden, Haywards Heath : 숲 정원과 화단에 히메노필룸 툰브리겐세 Hymenophyllum tunbrigense 같은 특이한 양치식물을 모아 심었다.

스코틀랜드

뷰트섬, 애스콕, 애스콕 홀 Ascog Hall, Ascog, Isle of Bute : 멋지게 복원한 빅토리아 시대의 양치식물관.

두눈, 벤모어 식물원 Benmore Botanic Garden, Dunoon : 외래종 양치식물과 추위에 강한 양치식물이 온실과 바깥에서 자라고 있다.

아란섬 브로딕 성 정원과 컨트리 파크 Brodick Castle Garden and Country Park, Isle ofArran : 서양개고사리 "빅토리아에"와 다른 외래종 양치식물, 나무고사리, 추위에 강한 영국 토종 양치식물들이 자태를 뽐내고 있다.

메이볼, 컬지언 성과 컨트리 파크 Culzean Castle & Country Park, Maybole : 양치식물 화단과 겨울 정원에 토종 양치와 추위에 강한 종이 자라고 있다.

스트라스캐론, 아타데일 가든스 Attadale Gardens, Strathcarron : 양치식물관의 모양이 특이하게도 둥근 지붕이다. 바깥에도 추위에 강한 양치식물 종을 심어 놓았다.

웨일즈

세인트 니콜라스, 디프린 가든스 Dyffryn Garden), St Nicholas : 양치식물을 멋지게 모아놓은 빅토리아 시대의 정원.

칼디코트, 케어웬트, 듀스토 가든스 & 그로토스 Dewstow Gardens and Grottos, Caerwent, Caldicot : 빅토리아 시대에 만든 풀하마이트 정원. 매력적인 동굴과 바위에서 양치식물들이 자라고 있다. (121쪽을 참고할 것.)

해버퍼드웨스트, 픽턴 성 Picton Castle, Haverfordwest : 추위에 강한 외래종 양치식물이 모여 있다.

콘월

팔머스, 모난 스미스, 글레더건 가든 Glendurgan Garden, Mawnan Smith, Falmouth : 딕소니아 안타르크티카Dicksonia antarctica, 블레트눔Blechnum, 우드워디아 아디칸스 Woodwardia Radicans, 키아테아Cyathea 등 바깥에서 자라는 양치식물들을 모아놓았다.

세인트 오스텔, 헬리건의 잃어버린 정원 The Lost Gardens o f Heligan, St Austell : 역사적인 정원이다. 일부는 빅토리아 시대에 조성하였다. 암석정원, 동굴, 계곡, "정글", 토종 양치식물과 외래종 양치식물은 물론이고 나무고사리도 있다.

팔머스, 모난 스미스, 트레바 가든 Trebah Garden, Mawnan Smith, Falmouth : 숲을 이루다시피 한 거대한 나무고사리 재배장이 있는 계곡 정원.

그림

삽화 : 우페 예르넬로 (Uffe Jernelo)
사진 : 엘리자베스 스발린 구나르손 (Elisabeth Svalin Gunnarsson)
이하 사진은 Shutterstock.com (l = 왼쪽, M = 가운데, o = 위, u = 아래) :

안톤 순딘 Anton Sundin

안톤 순딘은 원예사이다. 양치식물을 향한 열정도 남달리 뜨겁지만, 토양과 지구의 지속가능성에도 관심이 많다. 정원에서 열심히 식물들을 가꾸는 한편으로 글을 써서 원예의 다양한 모습을 소개하고 강연과 강습과 워크숍도 진행하고 있다. 토양을 주제로 삼아 책을 한 권 공동 집필하였다.

엘리자베스 스발린 군나르손 Elisabeth Svalin Gunnarsson

엘리자베스 스발린 구나르순은 원예와 문화사에 관심이 많은 저자이자 사진작가이다. 이미 스웨덴어로 몇 권의 책을 출간했다.

양치식물

지구에서 가장 오래된 식물

초판 1쇄 발행 · 2024년 11월 20일

지은이 안톤 순딘

사진 엘리자베스 스발린 군나르손

옮긴이 장혜경

펴낸이 권영주

펴낸곳 생각의집

디자인 design mari

출판등록번호 제 396-2012-000215호

주소 경기도 고양시 일산서구 중앙로 1455

전화 070·7524·6122

팩스 0505·330·6133

이메일 jip201309@gmail.com

ISBN 979-11-93443-18-7(03480)